国家自然科学基金项目（42161060、42161064）
江西省自然科学基金项目（20224BAB213038）
江西省杰出青年基金（原创探索类）项目（20232ACB213017）
江西省教育厅科技计划项目（GJJ2200740）

农田植被GPP的光能利用率模型理论与应用

黄端　池泓　喻圣博　李大军　著

WUHAN UNIVERSITY PRESS
武汉大学出版社

图书在版编目(CIP)数据

农田植被 GPP 的光能利用率模型理论与应用/黄端等著.—武汉：武汉大学出版社,2023.12

ISBN 978-7-307-24121-3

Ⅰ.农… Ⅱ.黄… Ⅲ.遥感技术—应用—作物—光合作用—研究 Ⅳ.S311

中国国家版本馆 CIP 数据核字(2023)第 220669 号

责任编辑:杨晓露　　责任校对:汪欣怡　　版式设计:马　佳

出版发行：**武汉大学出版社**　(430072　武昌　珞珈山)

(电子邮箱：cbs22@ whu.edu.cn　网址：www.wdp. com.cn)

印刷:武汉邮科印务有限公司

开本:787×1092　1/16　印张:10.25　字数:205 千字　插页:1

版次:2023 年 12 月第 1 版　2023 年 12 月第 1 次印刷

ISBN 978-7-307-24121-3　定价:49.00 元

前　言

农田生态系统植被总初级生产力(Gross Primary Productivity，GPP)的高精度估算、时空变化的准确连续监测及对气候变化和人类活动的响应机制研究是全面应对气候变化和农业生态文明建设的具体体现，是实现农业“双碳”战略目标的重要决策依据。估算农田生态系统植被GPP的VPM光能利用率模型的关键参数的不确定性是当前植被生态遥感所面临的主要难题之一。此外，对提高VPM模型估算能力的关键参数研究能够为践行国家生态文明建设和实现国家可持续发展提供重要理论依据。

现有VPM模型在估算农作物GPP的研究中，其最大光能利用率和最适温度通常采用固定参数，未充分考虑农作物物候特征对最大光能利用率和最适温度的变化作用，进而导致GPP模拟精度偏低。目前有以下待解决的瓶颈问题：顾及物候的最大光能利用率和最适温度对GPP的作用机制不明确，最大光能利用率和最适温度是VPM模型模拟GPP的关键参数，农作物具有不同的生长发育阶段，进而导致光合固碳能力不同。本书以典型的农作物(水稻、小麦和玉米)为研究对象，开展系列研究工作：①典型水稻农作物关键物候期的遥感精准识别，探索顾及物候的最大光能利用率和最适温度的变化规律，模拟典型农作物GPP的VPM模型优化方法(PVPM模型)的研究，揭示顾及物候的最大光能利用率和最适温度对GPP的作用机制，提高VPM模型对典型农作物GPP的估算能力。②以江汉平原作为研究区，基于PVPM模型对2000—2017年江汉平原农田水稻GPP进行估算和精度验证；并分析了2000—2017年江汉平原农田水稻GPP的时空变化特征及其气候影响因素。③开展GPP的精准估算，将其作为VPM光能利用率模型在作物估产研究中的典型应用。

本书的主要工作和贡献如下：

(1)基于农田水稻物候期的VPM模型，构建了改进的PVPM模型。采用全球4个国家(中国、美国、日本和韩国)农田水稻生态系统通量观测站(9个站点年)的涡动相关数据、气象数据和MODIS遥感数据，探索适用于农田水稻GPP估算的改进模型(PVPM模型)。利用VPM模型和PVPM模型分别估算水稻GPP(即，GPP_{VPM}和GPP_{PVPM})，与通量观测数据计算的GPP(GPP_{EC})进行对比验证，结果表明：在4个通量观测站点中，GPP_{PVPM}和GPP_{EC}的决定系数(R^2)均高于VPM模型和GPP_{EC}的决定系数；均方根误差(RMSE)相比原模型的验证均显著降低。验证结果表明，在通量观测站点尺度上，PVPM 模型的水稻估算精度优于 VPM 模型估算精度。

(2)基于 PVPM 模型估算了江汉平原农田水稻 GPP。利用长时间序列 MODIS 遥感数据和气象观测数据，基于 PVPM 模型估算了 2000—2017 年江汉平原单双季水稻 GPP，并采用 2000—2017 年农业统计年鉴中单双季水稻的产量数据对估算的单双季水稻 GPP 分别进行验证。结果表明：在江汉平原区域尺度上，估算的单季水稻 GPP 与产量的 R^2 为 0.82，估算的双季水稻 GPP 与产量的 R^2 为 0.84；在县级尺度上，估算的单季水稻 GPP 与产量的 R^2 为 0.89，估算的双季水稻 GPP 与产量的 R^2 为 0.97。表明 PVPM 模型对水稻作物在区域尺度 GPP 估算方面的潜力。

(3)基于 GIS 方法分析了江汉平原水稻 GPP 时空变化特征。结果表明，时间趋势上，2000—2017 年江汉平原农田单季水稻 GPP 年总量整体呈上升趋势，双季水稻 GPP 年总量整体呈下降趋势。单季水稻年均 GPP 在 2000—2017 年呈上升趋势；双季水稻年均 GPP 变化趋势与单季水稻相似。空间分布上，单季水稻高、中、低产田面积占比分别为 8.92%、79.20%和 11.88%。双季水稻高、中、低产田面积占比分别为 8.37%、80.66%和 10.97%。利用地理探测器模型，探讨气候因素对农田水稻 GPP 的影响，结果表明：气温、日照和降雨对江汉平原农田水稻 GPP 的空间分异具有一定的影响。

(4)开展 GPP 遥感模型在农作物遥感估产中的应用研究。分别以河南冬小麦-夏玉米轮作生态系统、湖北稻田生态系统为研究对象，基于 VPM 光能利用率模型开展 GPP 遥感估算，构建 GPP 与粮食产量的模型，预测粮食产量。

综上所述，本书针对提高农田生态系统植被 GPP 估算能力的实际需求，以突破技术瓶颈问题为目标，致力于拓展光能利用率模型反演理论与方法，以及适应农作物 GPP 精准估算应用需求，积极服务于气候变化背景下的农业“双碳”战略等国家重大战略需求。

由于笔者水平有限，书中内容难免存在不足之处，敬请读者批评指正。

著　者

2023 年 8 月 5 日

目　　录

第 1 章　绪论 ······ 1
1.1　研究背景 ······ 1
1.1.1　全球气候变化 ······ 1
1.1.2　全球碳循环 ······ 2
1.1.3　粮食安全 ······ 4
1.2　国内外研究进展 ······ 5
1.2.1　陆地生态系统生产力的几个重要概念 ······ 5
1.2.2　陆地生态系统生产力研究方法 ······ 6
1.2.3　作物 GPP 研究进展 ······ 10
1.3　本书主要内容 ······ 12

第 2 章　典型农作物 GPP 遥感估算的光能利用率模型理论研究 ······ 13
2.1　光能利用率模型理论 ······ 13
2.2　VPM 模型 ······ 17
2.2.1　VPM 模型提出背景 ······ 17
2.2.2　VPM 模型原理 ······ 23
2.3　本章小结 ······ 24

第 3 章　基于农田水稻物候的 VPM 光能利用率模型优化研究 ······ 25
3.1　通量观测站及数据处理 ······ 25
3.1.1　CO_2通量观测站点描述 ······ 25
3.1.2　数据获取与预处理 ······ 27
3.2　基于农田水稻物候的 VPM 模型改进 ······ 32
3.2.1　农田水稻物候遥感识别 ······ 32
3.2.2　最适温度的改进 ······ 34

3.2.3　最大光能利用率的改进 …… 34
3.3　结果与验证 …… 35
3.3.1　水稻物候提取结果及验证 …… 35
3.3.2　改进的最适温度和 LSWI …… 38
3.3.3　改进的最大 LUE …… 38
3.3.4　基于 PVPM 的水稻 GPP 模拟结果与精度评价 …… 40
3.4　讨论 …… 43
3.4.1　温度、PAR、植被指数(EVI、LSWI)和 GPP_{EC} 的季节性动态 …… 43
3.4.2　GPP_{EC}、植被指数与气温的相关性 …… 46
3.4.3　GPP_{EC}、GPP_{PVPM}、GPP_{VPM} 与 $GPP_{MOD17A2H}$ 的比较 …… 51
3.4.4　PVPM 在水稻 GPP 模拟中的不确定性与误差来源 …… 53
3.5　本章小结 …… 54

第 4 章　基于优化模型的江汉平原农田水稻 GPP 估算 …… 55
4.1　研究区概况及数据预处理 …… 55
4.1.1　江汉平原概况 …… 55
4.1.2　气象数据 …… 56
4.1.3　土地利用数据 …… 56
4.1.4　其他辅助数据 …… 57
4.2　江汉平原水稻分类遥感信息提取 …… 58
4.2.1　水稻分类信息提取的依据 …… 58
4.2.2　植被指数的选择与重构 …… 59
4.2.3　江汉平原水稻物候 …… 59
4.2.4　样本点选择 …… 60
4.2.5　MODIS 数据提取单双季水稻的算法 …… 60
4.2.6　单双季水稻空间分布提取结果 …… 62
4.2.7　精度验证 …… 63
4.3　PVPM 参数估计 …… 64
4.3.1　光合有效辐射(PAR) …… 64
4.3.2　光合有效辐射比例(FPAR) …… 67
4.3.3　最大光能利用率 (ε_0) 估算 …… 68
4.3.4　温度调节系数 (T_{scalar}) …… 68

4.3.5　水分调节系数（W_{scalar}） …… 70
4.4　江汉平原农田水稻 GPP 估算结果 …… 72
4.4.1　单季稻 GPP 估算结果 …… 72
4.4.2　双季稻 GPP 估算结果 …… 74
4.5　GPP 精度验证 …… 75
4.5.1　模型验证方法与数据 …… 75
4.5.2　GPP 估算结果验证 …… 75
4.6　讨论 …… 76
4.7　本章小结 …… 77

第 5 章　江汉平原农田水稻 GPP 时空变化特征 …… 78
5.1　时空特征与影响因素分析方法 …… 78
5.1.1　江汉平原农田水稻生产力分级方法 …… 78
5.1.2　聚集性分析方法 …… 79
5.1.3　趋势分析方法 …… 82
5.1.4　波动性分析方法 …… 82
5.1.5　未来趋势分析 …… 83
5.1.6　地理探测器模型原理 …… 83
5.1.7　相关性分析方法 …… 84
5.2　江汉平原农田水稻 GPP 时间变化特征 …… 84
5.3　江汉平原农田水稻 GPP 空间变化特征 …… 85
5.3.1　空间分布特征 …… 85
5.3.2　空间聚集特征 …… 87
5.3.3　波动性特征 …… 87
5.3.4　空间趋势特征 …… 88
5.3.5　未来趋势特征 …… 89
5.4　江汉平原水稻 GPP 时空变化特征的气象影响因素分析 …… 90
5.5　讨论 …… 94
5.6　本章小结 …… 95

第 6 章　GPP 在作物遥感估产中的应用 …… 97
6.1　水稻作物 GPP 遥感估算研究 …… 97

6.1.1　背景 ······ 97
6.1.2　研究数据 ······ 99
6.1.3　研究方法 ······ 100
6.1.4　研究结果 ······ 103
6.2　小麦-玉米作物 GPP 遥感估算研究 ······ 113
6.2.1　背景 ······ 113
6.2.2　研究数据 ······ 115
6.2.3　研究方法 ······ 117
6.2.4　研究结果 ······ 119
6.2.5　讨论 ······ 125
6.3　本章小结 ······ 130

第 7 章　总结与展望 ······ 132
7.1　总结 ······ 132
7.2　展望 ······ 133

参考文献 ······ 134

第1章 绪　　论

1.1 研究背景

1.1.1 全球气候变化

以气候变暖为标志的全球气候变化越来越受到全球各国政府、科学界和社会公众的强烈关注(Bocchi，2011)。自20世纪50年代以来，观测到的大气与海洋温度升高、积雪与冰川减少、海平面升高和温室气体浓度增加等变化是几十年甚至上千年的时间里前所未有的变化；进入21世纪以来，随着卫星遥感技术的发展、观测站点的增加、观测仪器性能和精度的改善提高，大数据、多视角对气候变化研究的支撑，更加证实了近百年来全球气候变暖的结论(Zachos et al.，2001)。政府间气候变化专门委员会(Intergovernmental Panel on Climate Change，IPCC)第五次评估报告(Pachauri et al.，2014)显示：全球地表温度不断升高、冰川积雪逐渐减少以及冻土的温度在大多数地区都有不同程度的升高。为应对全球气候变化，中国从20世纪90年代开始对气候变化进行评估研究，到目前为止已经陆续发布了三次《气候变化国家评估报告》(丁一汇等，2006；何建坤等，2006；林而达等，2006)，《第四次气候变化国家评估报告》也正在研究编制中，中国政府在应对气候变化方面做出了积极的努力。其中，2014年，中国在巴黎气候大会上发布的《第三次气候变化国家评估报告》指出，1909—2011年间中国陆地区域平均增温速率为0.9~1.5℃，高于全球平均水平；1980—2012年间沿海地区海平面以2.9mm/a的速率上升，高于全球平均速率。

全球气候变化已经给大自然和人类社会带来了各种不良影响和关键风险。它导致亚热带干旱地区的地表水和地下水资源短缺，水资源竞争更加激烈；气候变化以及过度开发、污染、栖息地改变和物种入侵，将导致陆地和淡水物种灭绝，同时也会导致陆地和淡水生态系统的破坏；气候变化使得海平面上升，海岸侵蚀、海岸洪水及淹没等使海岸带和低洼地区遭到破坏，同时导致海洋生物多样性减少、全球海洋物种再分布；全球气候变化对小麦、玉米和水稻等主要粮食作物的产量造成不利的影响，对粮食安全构成威胁并且破坏粮食生产系统(刘天明等，2008；汤绪等，2011)；气候变化引发的高温气象灾害、极端气候事件的发生、沿海和内陆地区洪水的爆发、滑坡崩塌和泥石流灾害的发生、空气污染、干旱水资源短缺等问题对全球城市地区的人口、资产、经济和生态系统构成极大的危害。随着全球气候的变化，经济发展、人类健康、人类安全等也将受到极大的影响。

已有研究结果表明，人为温室气体的排放是导致全球气候变暖的主要原因。自1750年以来，人类工业化不断发展，以 CO_2 等为主的温室气体在全球大气中的浓度不断升高，已上升为80万年来最高值，2012年全球的 CO_2 浓度比工业化以前高41%。工业化以来，化石燃料燃烧排放和土地利用排放成为温室气体增加的主要来源。1750—2011年，化石燃料和水泥生产排放到大气中的 CO_2 高达(375±30)Gt，森林砍伐、植被破坏和土地利用方式的改变造成的 CO_2 释放大约为(180±80)Gt(Pachauri et al.，2014)。

1.1.2　全球碳循环

全球碳循环指碳素在地球各个圈层(大气圈、水圈、生物圈、土壤圈、岩石圈)之间的迁移转化和循环周转的过程，是地球系统中能量和物质循环的核心，同时也是地球各个圈层相互作用的纽带(鲍颖，2011；周广胜，2003)。碳循环的主要途径是：大气中的 CO_2 被海洋和陆地中的植物吸收，进而通过生物作用、地质过程和人类活动等又以 CO_2 的形式被释放到大气中。地球系统中主要分为大气碳库、陆地生态系统碳库、海洋碳库和岩石圈碳库等四大碳库，其中人们主要关心的是大气碳库、陆地生态系统碳库、海洋碳库之间的循环交换。全球碳循环的基本过程主要是大气 CO_2 循环过程、海洋碳循环过程和陆地生态系统碳循环过程，是通过海洋—陆地—大气 CO_2 通量联系起来的。

大气碳循环分别是通过海—气界面、陆—气界面间的碳通量循环与海洋碳库、陆地碳库相互作用的。大气中的碳主要以 CO_2 气体形式存在，也是碳参与物质循环的主要形式。大气碳库约为720Gt C($1Gt=1\times10^{15}g$)，主要有 CO_2、CH_4 和CO等气体(陶波等，2001)。海洋碳循环主要是通过海—气界面 CO_2 交换进入和离开海洋的界面过程和碳素在海洋生态系统和海洋环流的驱动作用下迁移的内部过程来进行的(谭娟等，2009)。碳元素在海洋生态系统中主要以碳酸根离子形式存在。海洋具有吸收和存储大气 CO_2 的能力，含碳量是大气的50多倍，在全球碳循环中具有重要作用。陆地生态系统碳循环的基本过程是植被通过光合作用吸收大气 CO_2 转化为有机碳存储于植物体内，同时植物体内的有机碳一部分通过植物自身的呼吸作用(自养呼吸)向大气中释放 CO_2，另一部分通过土壤和植物凋落物中的有机质的微生物分解(异氧呼吸)向大气释放 CO_2(耿元波等，2000；陶波等，2001)。陆地生态系统中碳素主要是以各种有机物或无机物的形式存储于植被和土壤中。碳量约为2000Gt，其中土壤有机碳库是植被碳库存碳储量的2倍左右(陶波等，2001)。陆地生态系统是植被—土壤—气候相互作用的复杂系统。内部各子系统之间及其与大气之间存在着复杂的相互作用和反馈机制。同时，陆地生态系统也是全球碳循环中受人类活动影响最大的，化石燃料燃烧、水泥生产以及土地利用变化等与人类有关的活动都会造成CO_2的排放，极大地改变了原有大气组分的状况(陶波等，2001)。因此，陆地生态系统在全球碳循环中具有最大的不确定性，是全球“碳失汇”的最合理解释，约 1/3 的全球“碳失汇”存在于北半球陆地生态系统中(Freeman et al.，2001)。

近年来，科学界与学者对陆地生态系统碳循环的研究越来越重视，陆地生态系统碳循环及其对全球气候变化的响应研究一直是国际地球物理学界广泛关注的前沿问题，是全球碳计划(Global Carbon Project，GCP)、全球环境变化国际人文因素计划(International Human Dimensions Programme on Global Environmental Change，IHDP)、国际地圈生物圈计划(International Geosphere-Biosphere Programme，IGBP)等重大科学研究计划的主题(宋冰等，2016)。准确地估算和评价陆地生态系统碳源/碳汇的时空变化及相关的地表过程对全球气候变化的响应和适应是控制温室效应、管理自然资源变化和预测气候变化的基础，是目前全球变化研究最为重要的前沿领域之一。

世界各国都相应地启动了大型碳循环科学研究计划。比如，美国、加拿大和墨西哥联合发起“北美碳计划(NACP)”，重点研究北美地区和国家尺度的碳源/碳汇的格局及变化；欧盟启动“欧洲碳循环联合项目(CarboEurope)”，重点研究欧洲陆地生态系统的碳储量状况，随后启动了另外一个综合集成碳项目“CarboEurope-IP”，探讨欧洲地区陆地生态系统碳源/碳汇的时空分布格局；亚洲地区的科学家也陆续地开展了亚洲地区陆地生态系统碳储量、碳源碳汇的研究。比如：亚洲通量(AsiaFlux)观测网络针对亚洲地区典型生态系统碳通量进行研究，量化亚洲地区的碳收支状况。

我国在陆地生态系统碳循环与全球变化领域获得了系统性的成果，在国际重大科学研究计划中发挥了重要作用(宋冰等，2016)。20 世纪 90 年代以来，我国科学家就全球变化对陆地生态系统碳循环的影响给予了大量的关注。我国政府对陆地生态系统碳循环的研究加强了支持力度。2006 年，国家自然科学基金委员会启动“我国主要陆地生态系统对全球变化的响应与适应性样带研究”，主要研究内容为：生物多样性、森林生态系统格局和物质循环关键过程对全球变化的响应和适应机制。2011 年，中国科学院启动战略性先导科技专项“应对气候变化的碳收支认证及相关问题”(碳专项)，重点目的是清查我国主要陆地生态系统的碳储量和固碳潜力。2012 年，国家基金委启动“陆地生态系统中生物对碳—氮—水耦合循环的影响机制”重大项目，对我国主要陆地生态系统碳循环及相关地表过程的相互作用机制提供机理方面的深入理解。在一系列的重大项目研究中，我国陆地生态系统碳循环对全球变化响应的研究工作取得了重大的进展(宋冰等，2016)。

1.1.3　粮食安全

人口增长和粮食需求增加给农业和自然资源带来了极大的压力，需要增加粮食产量来保障未来全球的粮食安全问题(Foley et al., 2011)。耕地资源是农业生产最基本的物质基础(Lambin et al., 2011)，然而农业活动会造成环境污染、生物多样性减少、温室气体排放增多，成为导致全球气候变化的主要原因之一(Bindraban et al., 2012；David et al., 2011；Foley et al., 2011；Foley et al., 2005)。基于长远的角度考虑，全球农业问题面临增加粮食产量和减少气候变暖的双重压力，因此，对农田生态系统碳循环与生产力的研究是十分必要的。

目前，大量耕地粮食产量远低于其所处的现实生产条件下耕地生产潜力(Lambin et al., 2011)，提升耕地现实的生产能力和提高自然资源的综合利用效率就显得尤为重要。已有研究表明，提高农业生产条件、增加土壤肥力、改善农业管理等措施可以增加粮食产量，同时也可以减少气候环境变化(冀咏赞等，2015)。中国是粮食生产大国，同时也是粮食消耗大国，粮食安全问题，不仅关系到国家的稳定和发展，也会影响国际粮食安全状况(刘爱琳等，2017；辛良杰等，2017)。

为保护、支持农业发展，大力改善农业生产条件，促进农业综合生产能力和经济效益，从1988年农业综合开发开始实施以来，经历了不同时期的发展。从1988—1993年开始，以改造中低产田为主的农业综合呈现重点开发的特征，历经1994—2000年的全面开发阶段，2000—2008年的纵深开发阶段，到2009—2017年呈现优质高效开发的特征。从1988年到2017年，全国农业综合开发范围涉及全国2039个县(市、旗)和268个国有农(牧)场(韩连贵等，2017)。

2008年11月，《国家粮食安全中长期规划纲要(2008—2020年)》政策出台，2020年全国粮食消费量将达到5725亿公斤，未来12年间，需要再新增500亿公斤生产能力，以提高国家粮食安全的保障程度。2009年11月，《全国新增1000亿斤粮食生产能力规划(2009—2020年)》政策出台，按照粮食生产核心区、非主产区产粮大县、后备区和其他地区对全国进行统筹规划。其中，核心区共计680个县(市、区、场)，分布在东北、黄淮海和长江流域；11个非主产省(区、市)中的120个产粮县(市、区)分布在华东及华南地区、西南地区、山西及西北地区。大规模推进高标准农田建设，是党中央、国务院的重大战略决策，是落实“藏粮于地、藏粮于技”战略的具体体现，事关国家的粮食安全和社会的长治久安。2013年，国务院批准了《国家农业综合开发高标准农田建设规划(2011—2020年)》(以下简称《规划》)，明确“通过实施《规划》，到2020年，改造中低产田、建设高标准农田4亿亩”。到2020年，农业综合开发高标准农田建设的目标任务是改造中低产田、建设高标准农田4亿亩，亩均粮食生产能力比实施农业综合开发前提高100公斤以上。

《规划》根据“突出以粮食主产区为重点，适当兼顾非粮食主产区”的原则，将高标准农田建设区域布局划分为粮食主产区和非粮食主产区两类。综合考虑各地区农业自然条件和灌溉条件等情况，根据中低产田面积、粮食产量、粮食商品率等因素，测算确定粮食主产区和非粮食主产区的建设任务和目标，把粮食主产区，特别是增产潜力大、总产量大、商品率高的重点粮食主产区放在高标准农田建设的突出位置。同时，各地区在制定本地区高标准农田建设规划时，要向粮食主产县特别是向新增千亿斤规划确定的800个产粮大县倾斜(其中粮食主产区680个、非粮食主产区120个)。

1.2 国内外研究进展

陆地生态系统生产力是生态系统中物质和能量运转的基础，它表征陆地生态系统的质量状况。

1.2.1 陆地生态系统生产力的几个重要概念

生态系统生产力的概念，由于不同学者对问题研究的出发点不同，因此也给出了许多不同的定义。

1. 生物量

生物量(Biomass)是指陆地单位面积上，一定时间内所包含的一个或多个生物物种或者一个生物地理群落中现有生物有机体的总干物质量。生物量与生产力不同，生物量没有时间概念，但是可以用一段时间内的生物量或者生物量的累积速率来表达生产力的大小(Goulden et al.，2010)。

2. 总初级生产力

总初级生产力也称为总第一性生产力(Gross Primary Productivity，GPP)，是指陆地上绿色植被在单位时间、单位面积上，通过光合作用所固定的光合产物或者有机碳总量，也称为总生态系统生产力(Gross Ecosystem Productivity，GEP)(Boysen-Jensen，1932)。

3. 净初级生产力

净初级生产力也称为净第一性生产力(Net Primary Productivity，NPP)是指绿色植被在单位时间、单位面积内所累积的有机干物质总量，是光合作用所产生的有机质总量(GPP)

减去自养呼吸(R_a)后剩余的部分(Boysen-Jensen, 1932)。

$$NPP = GPP - R_a \quad (1.1)$$

4. 净生态系统生产力

净生态系统生产力(Net Ecosystem Productivity, NEP)是生态系统净的碳获得或损失的量，一般指净初级生产力(NPP)减去异养呼吸作用(R_h)所消耗的光合作用产物之后的部分(Goulden et al., 2010)。

$$NEP = (GPP - R_a) - R_h = NPP - R_h \quad (1.2)$$

5. 生态系统净交换量

生态系统净交换量(Net Ecosystem Exchange, NEE)是指生态系统与大气圈之间的净碳交换量，它提供了对生态系统与大气之间CO_2净交换量的直接测度(Aubinet et al., 1999)。

1.2.2 陆地生态系统生产力研究方法

陆地生态系统生产力的研究方法很多，目前主要常用的方法有三类：生物量调查法、微气象学的涡度相关通量观测法和模型模拟法。前两种方法是基于空间采样和定点观测方法获取数据，主要用于研究生产力的形成过程和机理，为模型的构建和应用提供理论基础；模型模拟法主要用于区域尺度甚至全球尺度的生产力模拟研究。

1. 生物量调查法

传统的陆地生态系统生产力的测定都是基于实地观测，主要包括直接收割法、光合作用测定法、CO_2测定法、pH测定法、叶绿素测定法、放射性标记测定法等(李高飞等, 2003)。这类方法是根据观测的数据来计算植被生产力，采用数学方法推广到区域尺度，适用于小区域的尺度调查。

2. 涡度相关通量观测法

涡度相关通量(Eddy Covariance)观测法是近年来流行起来的用于直接观测生态系统和大气间气体、能量、动量交换的微气象学方法。该方法是通过计算垂直风速脉动和待测物理量脉动的协方差来获得湍流通量，直接测定生物群落与大气间的碳和水热通量(袁文平等, 2014)。目前的技术可以测量半小时、日、季节尺度的通量，空间范围为100~2000m。涡度相关技术可以直接、精确和连续地对生态系统碳和水汽通量进行观测，是从生态系统尺度上揭示陆地生物圈—大气圈相互作用关系的最有效方法。国际通量观测研究网络

(FLUXNET)概念最早于1993年“国际地圈—生物圈计划”中首次被提出来，并于1995年正式讨论成立FLUXNET的设想，1998年FLUXNET正式成立(于贵瑞等，2006)。目前FLUXNET由美国通量观测网(AmeriFlux)、欧洲通量观测网(EurFlux)、澳大利亚通量观测网(OzFlux)、加拿大通量观测网(FluxNet-Canada)、亚洲通量观测网(AsiaFlux)、韩国通量观测网(KoFlux)、中国通量观测研究联盟(ChinaFlux)等主要区域网络，以及一些专项研究计划共同参与组成。在全球范围内更多的通量观测站建立及区域通量观测研究网络正在形成。到目前为止，全球利用涡度相关技术研究生态系统碳循环的观测站点已超过500个，几乎遍及陆地表面所有代表性的生态系统类型(农田、森林、湿地、草地、城市)，形成了从区域到全球的通量观测网络。

3. 模型模拟法

模型模拟法的主要原理是以前两种方法获取的调查实测数据为基础构建模型，进而在区域或全球尺度上模拟和分析陆地生态系统生产力。模型模拟法能够模拟和预测未来某种情境下陆地生态系统的生产力，是目前开展大区域尺度生产力研究的唯一可行途径，已经在目前的研究中得到广泛的应用。为了适应区域和全球尺度陆地生态系统生产力的研究需要，已经构建了许多模型，大致可以分为三类：气候生产力模型、生理生态过程模型和光能利用率模型(孙甕等，1999；朱文泉等，2005)，见表1.1。

表1.1　三类生态系统生产力估算模型比较(朱文泉等，2005)

模型类型	典型模型	优点	缺点	适用条件
气候生产力模型	Miami Thornthwaite Chikugo	模型结构简单、参数少且容易获取	生理生态机制模糊，估算误差较大	适用于区域潜在生产力估算
生理生态过程模型	TEM BIOME-BGC CENTURY	具有一定的生理生态机制，可以模拟和预测全球变化对生产力的影响，模拟结果较精确	模型结构复杂，参数多且数据难获取，不适于向区域尺度扩展	适用于较小空间尺度、均质斑块上的生产力估算
光能利用率模型	CASA、GLO-PEM、TURC、3-PGS、PSN、C-Fix、EC-LUE、VPM、TG、GR、VI	适用于区域乃至全球尺度的模拟，参数可由遥感反演，可以准确获取季节、年际生产力的动态变化	生理生态机制模糊，驱动数据和模拟结果存在一定的不确定性	适用于区域及全球尺度的生产力估算

(1)气候生产力模型

气候生产力模型也被称为统计模型或者经验模型，在陆地生态系统生产力研究的早期阶段，由于观测资料的缺乏和计算机技术的落后，人们通常基于统计学的方法(比如，线性相关、指数相关等)对陆地生态系统生产力与气候因子(温度、降水、日照、蒸散量等)进行相关关系分析建立简单的统计关系来模拟生产力。代表性的模型有迈阿密(Miami)模型(Lieth，1973)、桑斯威特 (Thornthwaite Memorial)模型(Lieth，1975)、筑后(Chikugo)模型(Uchijima et al.，1985)、北京模型(朱志辉，1993)和综合模型(周广胜等，1995)。

Miami 模型是 Leith 根据全球各地 50 个点可靠的生产力实测值，以及与之相对应的年均温和年降水资料，用最小二乘法建立的生产力估算模型(Lieth，1973；周广胜等，1998)。该模型只考虑温度和降水两个气象因素，实际上生产力还受其他气候因素的影响，因此，估算结果的可靠性只有 66%~75%(周广胜等，1995)。

Thornthwaite Memorial 模型是 Leith 根据 Miami 模型相同的实测生产力数据和 Thornthwaite 可能蒸散模型，基于最小二乘法构建的生产力模型。因为蒸发量受温度、降水、太阳辐射、饱和差、气压和风速等气候因素的影响，把能量平衡联系在一起，综合表现了一个地区的水热状况；同时，蒸散量是蒸发和蒸腾的总和，而蒸腾与植物的光合作用有关。该模型中包含的气候因素较全面，因此，生产力估算结果也较为合理。但是 Miami 模型和 Thornthwaite Memorial 模型都缺乏理论基础。

Chikugo 模型是 UCHIJIMA Z 在日本岛内以植被二氧化碳通量方程(相当于 NPP)与水汽通量方程(相当于蒸散发)之比来确定植被对水分的利用效率为基础，并根据叶菲莫娃和 Cannel 等人在国际生物学计划(IBP)工作期间取得的世界各地的生物量数据和相应的气候要素数据做相关分析，构建了净辐射和辐射干燥度估算生产力的模型(周广胜等，1995)。

北京模型是朱志辉利用包括中国在内的 751 组数据(包括陆地表面所获取的净辐射量、辐射干燥度、蒸发潜热和年降水量)构建了生产力估算的解析模型(苏清荷等，2010；朱志辉，1993)。该模型是以特定水热为背景，可以更有效地体现区域性规律，相比 Chikugo 模型，增加了荒漠和草原植被的生产力数据，完善了自然植被生产力估算的内涵和功能(朱志辉，1993)。

综合模型是周广胜和张新时根据植被的生理生态学特征，联系能量平衡和水量平衡方程的区域蒸散模式构建的生产力估算模型。该模型所用到的气候因素数据包括陆地表面所获取的净辐射量、辐射干燥度、可能蒸散率、可能蒸散量和平均生物温度。该模型比 Chikugo 模型能更准确地反映植被生产力(特别是较干旱的地区)，为植被生产力的区域和全球分布评估，以及对全球变化的影响提供了理论基础(郑元润等，1997；周广胜等，1995)。

该类模型中的气象数据容易获取，参数少，易操作，模型估算可以较真实地反映陆地生态系统生产力的地带性分布规律，但是由于模型过于简单，生理生态机制不明确、复杂的生态系统过程和功能被忽略，CO_2和土壤养分的作用与反馈机制也没考虑，导致模拟结果较粗、误差较大，并且更多的是一种潜在陆地生态系统生产力的估算。

(2)生理生态过程模型

生理生态过程模型也称为机理模型，基于植物生理、生态学原理，深入研究植物的生长过程机理和能量的内在转换机制，用模型来模拟光合作用、呼吸作用、植物蒸腾作用及土壤水分散失来估算生产力。

TEM 模型可以利用气候、高程、土壤、植被，以及植被和土壤的相关参数来模拟全球陆地生态系统植被土壤的碳氮库和水分的含量、碳氮库的动态变化(Mcguire et al.，1997；Melillo et al.，1993；Pan et al.，1996；Raich et al.，1991b)。TEM 模型包含模拟土壤温度的土壤温度模型(STM)和水分含量的水文模型(HM)两个模块。TEM 模型已经成功地应用在北美、欧洲，甚至全球不同陆地生态系统和大气之间的碳氮交换。

CENTURY 模型是以气候、土壤状况、人类活动、植物生产力，以及凋落物和土壤有机质分解等之间的相互关系为基础建立的生态系统生物地球化学循环模型(Parton et al.，1987；Parton et al.，1993；Parton et al.，1995；Parton et al.，1988；Schimel et al.，1990)。该模型以月为时间步长运行，主要参数包括：①经纬度等地理位置参数；②月降水量、月平均最低气温和月平均最高气温等气候参数；土壤质地、深度、pH 值等土壤数据；③植被物候、植被类型，以及植物生长的最适温度等植被参数。模型建立以来在全球和中国的草地生态系统生产力的评估中得到广泛应用(Chiti et al.，2010；Xu et al.，2011；王明玖等，2013)。

Biome-BGC 模型是考虑了碳、水和能量在生态系统中输送能量的计算方法，主要用来模拟碳、水、氮三个关键循环(Running et al.，1988；Running et al.，1991；Thornton et al.，2002)。可以估算 GPP、NPP 和 NEP 等，是重要的生态系统生产力估算方法，模型的主要驱动数据和参数包括三个部分：①初始化文件。经纬度信息、海拔、土壤质地、土壤有效深度、大气 CO_2浓度、植被类型、土壤初始碳氮含量等。②以日间隔为步长的气象数据。最低气温、最高气温、白天平均气温、降水量、饱和水汽压差和太阳辐射等。③生理生态参数(44 个参数)。叶片碳氮比、细根碳氮比、冠层比叶面积、气孔导度、冠层消光系数等参数。

PnET 模型是森林生态系统模拟模型之一，在土壤气候水文等特定条件下对森林生长进行模拟，经过多次改进，现在可以对所有陆地生态系统的碳氮水物质和能量进行模拟的综合模型，该模型的模拟基础是林木的生理生态过程(同化作用、呼吸作用、蒸腾作用和干物质分配等)和土壤水分动态变化(Aber et al., 1992; Aber et al., 1997; Aber et al., 1995; Aber et al., 1996)。PnET 模型有 PnET-Day、PnET-Ⅱ和 PnET-CN 等版本，还有与其他模型结合的 PnET/CHESS 模型。

BEPS 模型是 Liu 和 Chen 等人在 FOREST-BGC 模型基础上发展起来的基于过程的生物地球化学模型，该模型涉及物理、生理和生化等机制，结合生态学、植物生理学、生物物理学、水文学和气象学的方法模拟植被的光合作用、呼吸作用、碳水能量的分配和平衡，主要包括 4 个子模块：能量传输、碳循环、水循环和生理调节。该模型从最初应用到加拿大北方森林生态系统，到目前广泛应用在东亚及中国的陆地生态系统的生产力估算。

IBIS 模型是一个基于动态植被模型的综合陆地生物圈模型。该模型以气候参数作为驱动数据，可以对植被进行长期监测和生态系统的碳模拟(Foley et al., 1996; 刘曦等, 2010; 刘曦等, 2011; 王萍, 2009; 杨延征等, 2016)。

其他生态系统过程模型还包括 InTEC 模型(Xu et al., 2010; 邵月红, 2005; 周蕾等, 2016)、DOLY 模型(Woodward et al., 1995; 冯险峰等, 2004)、BIOME3 模型(Haxeltine et al., 1996; 倪健, 2002; 吴玉莲等, 2014; 张宁宁等, 2008)、CARAIB 模型(Warnant et al., 1994; 黄康有等, 2007)、CEVSA 模型(Cao et al., 1998)、HYBRID 模型(Yang et al., 2006; Yang et al., 2004; 刘毅等, 2008)、SiB2 模型(Randall et al., 1996; Sellers et al., 1996a; Sellers et al., 1996b)、FBM 模型(Kindermann et al., 1993; Kohlmaier et al., 1997)等。

该类模型具有一定的生理生态机制，可以模拟和预测全球变化对生产力的影响，模拟结果较精确。模型结构复杂，参数多且输入数据难获取，不适于向区域尺度扩展。适用于较小空间尺度、均质斑块上的生产力估算。

1.2.3 作物 GPP 研究进展

农田生态系统是陆地生态系统的重要组成部分。水稻、小麦、玉米是中国最主要的粮食作物，稻米是全国 60%以上人口的主食，小麦占全国粮食作物总面积的 1/5。已有学者在遥感信息提取(Dong et al., 2016; Xu et al., 2018)、物候遥感识别、农作物遥感估产(Peng et al., 2014)、不同种植区的通量观测站点的 CO_2 碳通量特征分析(李琪等, 2009; 苏荣瑞等, 2013; 王尚明, 2011; 魏甲彬等, 2018; 徐昔保, 2015; 朱咏莉等, 2007)等方面开展了大量研究。这些研究为区域尺度的农田生态系统的 GPP 估算、碳循环研究提供了丰富的资料和充实的基础。

通量观测站点的 CO_2 碳通量特征分析。苏荣瑞等采用涡度相关法对江汉平原稻田生态系统进行了通量观测，并对水稻不同生长阶段冠层 CO_2 通量、潜热、显热通量变化特征及其影响因素进行了分析，结果表明，不同生长期冠层 CO_2 通量与温度因子、光辐射强度因子的相关性均达到极显著水平(苏荣瑞等，2013)。李琪等利用涡度相关技术对安徽省寿县冬小麦/水稻生态系统进行了碳通量的监测，并在数据校正、剔除和插补的基础上，研究生长季农田净生态系统碳交换(NEE)的变化特征，结果显示，冬小麦/水稻生态系统不同月份碳通量月均日变化也呈 U 形曲线，作物生命活动越旺盛，NEE 峰值越高，夜间 CO_2 排放则在 8 月达到最高值(李琪等，2009)。徐昔保等利用涡度相关技术观测太湖流域典型稻麦轮作农田生态系统净生态系统碳交换(NEE)变化过程，分析其碳交换特征及影响机理，结果表明，当土壤水分低于田间持水量时，麦季夜间 NEE 主要受土壤温度影响；反之，夜间 NEE 受土壤温度和水分双重影响；降水对麦季夜间 NEE 有短时的激发效应；稻季淹水对土壤呼吸产生较明显的阻滞效应，降低了夜间 NEE 对土壤温度的敏感性(徐昔保，2015)。

通量观测站点的典型作物 GPP 研究。Xin 等以韩国、日本和美国通量观测站点为研究对象，基于 VPM 模型，估算了水稻 GPP，并采用涡动协方差技术观测稻田与大气 CO_2净生态交换量(NEE)数据计算得到的 GPP 数据进行验证，结果表明，估算的 GPP 和实测 GPP 具有较好的一致性(Xin et al.，2017b)。

区域尺度上的典型作物 GPP 研究。具有高时间分辨率的 MODIS 遥感数据(刘文超等，2013)，具有高空间分辨率的 Landsat、HJ-1 等遥感数据(Madugundu et al.，2017a)，以及基于 MODIS 和 Landsat 数据时空融合技术下的高时空分辨率数据(罗亮等，2018；牛忠恩等，2016b)已经成为驱动光能利用率模型的农田生产力遥感监测的重要数据源；光能利用率模型已经成功应用于小麦(Yan et al.，2009c)、玉米(Wang et al.，2013a；Wang et al.，2010b；Yan et al.，2009c)、大豆(Wagle et al.，2015a)和水稻(Xin et al.，2017a)等不同的农作物类型的农田生产力的遥感监测；在美国(Kalfas et al.，2011a；Shihua et al.，2016；Wagle et al.，2016b)、印度(Patel et al.，2012)、沙特阿拉伯(Madugundu et al.，2017a)和中国的华北平原(尹昌君等，2015)、黄淮海地区(周磊等，2017)等不同国家的农业区对农田生产力进行估算。光能利用率模型已经在农作物植被的通量观测站点尺度上开展了大量的模型校验与验证研究，表现出了良好的模拟能力(Yan et al.，2009c)。区域模式的光能利用率模型也得到了进一步发展，对陆地生态系统碳循环的时空动态形成机制的认识和对陆地生态系统碳收支的准确估算提供了数据参考(Madugundu et al.，2017a)。基于遥感数据和光能利用率模型估算的 GPP 已经成为农田生产力监测评估的一个重要指标。

已有的研究还存在一些局限性。典型的农作物在不同生长期的生理特征呈现显著的差异，经历了连续不同的物候期，每个物候期的气候条件都存在较大的差异。基于典型连续的物候期开展典型的农作物GPP估算模型研究更利于精确捕捉农作物生长特征与气候、植被指数、GPP之间的变化规律，对于提高GPP估算精度，深刻理解气候变化条件下农田生态系统CO_2循环规律是非常有益的。

1.3 本书主要内容

基于CO_2通量观测数据和MODIS数据提取的水稻物候信息，探索水稻物候期内最适温度、最大光能利用率，以及遥感植被指数与GPP的变化规律，对VPM模型中的最适温度和最大光能利用率参数进行改进，基于改进的VPM模型对江汉平原2000—2017年农田水稻的GPP进行估算，分析了江汉平原农田水稻GPP的时空变化特征及其与气候因素的关系，开展GPP遥感估算模型在农作物估产中的典型应用。具体内容分为7个章节。

第1章：绪论。首先对本书的研究背景进行了介绍，随后阐述了陆地生态系统国内外研究进展、GPP测定与遥感估算模型的研究进展。

第2章：典型农作物GPP遥感估算的光能利用率模型理论研究。系统性地梳理光能利用率模型的理论与方法，详细介绍了VPM光能利用率模型的原理及其研究进展。

第3章：基于农田水稻物候的VPM光能利用率模型优化研究。基于水稻的生长发育特征，改进了原VPM模型中的最适温度和最大光能利用率参数，提出了基于水稻物候特征的PVPM模型。

第4章：基于优化模型的江汉平原农田水稻GPP估算。基于改进的VPM模型，利用长时间序列MODIS遥感数据和气象观测数据，估算2000—2017年江汉平原单双季水稻GPP，并采用2000—2017年农业统计年鉴中单双季水稻的产量数据对估算的单双季水稻GPP分别验证。

第5章：江汉平原农田水稻GPP时空变化特征。分析2000—2017年江汉平原农田水稻GPP的时间和空间上的变化特征；并利用地理探测器模型，探讨影响该地区农田水稻GPP时空差异的主导气象因素。

第6章：GPP在作物遥感估产中的应用。分别以河南冬小麦-夏玉米轮作生态系统、湖北稻田生态系统为研究对象，基于VPM光能利用率模型开展GPP遥感估算，构建GPP与粮食产量的模型，预测粮食产量。

第7章：结论与展望。对全书的研究成果进行总结，提炼研究的创新与特色，针对一些本书未能完成的工作，给出了下一步工作的展望。

第2章　典型农作物GPP遥感估算的光能利用率模型理论研究

2.1　光能利用率模型理论

光能利用率(Light Use Efficiency, LUE)模型，也称为产量效率模型(Production Efficiency Models, PEM)，是基于冠层吸收太阳辐射与植被光合作用固碳量之间的关系而建立的模型。光能利用率是表征植被通过光合作用将所截获/吸收的能量转化为有机干物质效率的指标，是光合作用的重要概念(赵育民等，2007)。Monteith于1972年基于光能利用率原理，考虑温度、水分等环境胁迫因素对植被光合作用的影响，首次提出利用植被吸收的光合有效辐射和光能利用率来估算陆地生态系统生产力的概念，该方法成为区域乃至全球尺度通过遥感手段估算植被生产力的光能利用率模型的理论基础(Monteith，1972；Monteith，1977a)。

目前构建的以遥感数据为驱动变量的GPP模型几乎都是以LUE模型为基础的。LUE模型通用形式可以表达如下：

$$GPP = \varepsilon_g \times FPAR \times PAR \tag{2.1}$$

式中，FPAR表示植被冠层吸收的光合有效辐射占总光合有效辐射的比例；PAR表示一个时间段内(天、月)光合有效辐射（$MJ \cdot m^{-2}$）；ε_g 表示在计算GPP过程中使用的实际光能利用率(LUE，$gC \cdot MJ^{-1}PAR$)。

基于光能利用率原理的GPP遥感估算模型，根据植被吸收的用于光合作用的光合有效辐射的方法不同(APAR = FPAR×PAR，APAR表示植被吸收的光合有效辐射)，可以将模型分为两类：一类是基于植被叶面积指数(LAI)-植被冠层光合有效辐射的吸收($FPAR_{canopy}$)关系的生物物理方法，这种方法已经是遥感与生态学中的主流方法；第二类是基于叶绿素(chlorophyll)-叶绿素光合有效辐射吸收($FPAR_{chl}$)关系的生物化学方法，是近年来发展的新方法，逐渐成为研究热点(图2.1)。

基于 $FPAR_{canopy}$ 的光能利用率模型主要有CASA(Carnegie-Ames-Stanford Approach)模

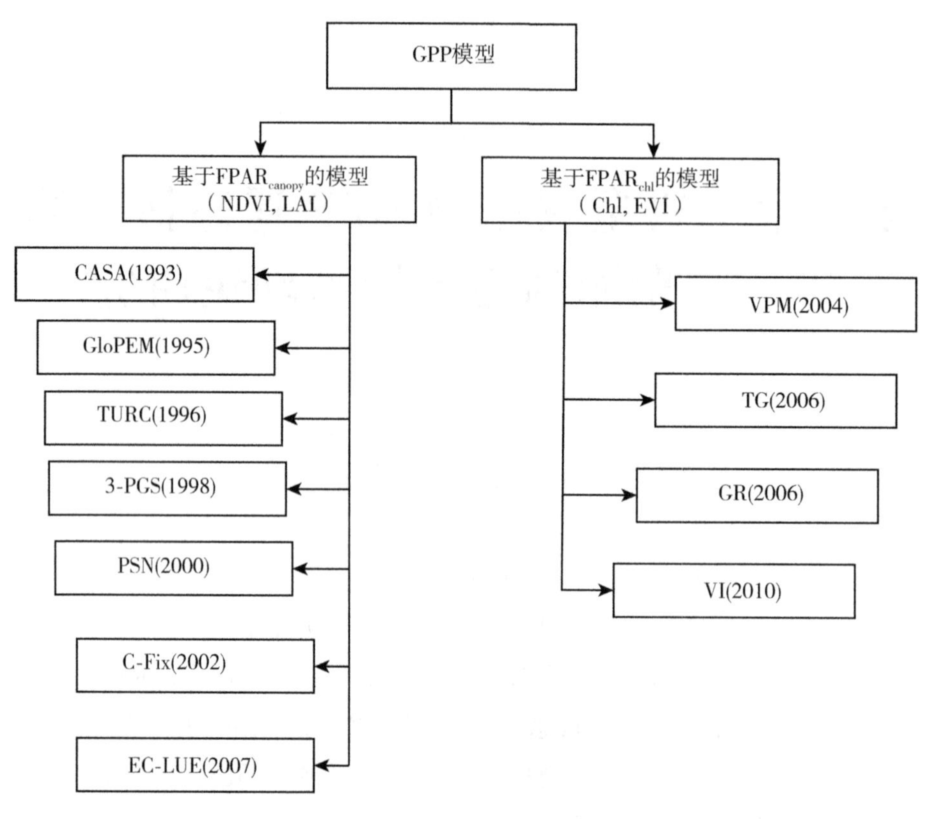

图 2.1　光能利用率模型的类别

型、Glo-PEM(Global Production Efficiency Model)模型、TURC 模型、3-PGS 模型、PSN (Photosynthesis)模型、C-Fix 模型和 EC-LUE(the Eddy Covariance Light Use Efficiency)模型。

基于 $FPAR_{chl}$ 的光能利用率模型主要有 VPM(Vegetation Photosynthesis Model)模型、TG (Temperature and Greenness)模型、GR(Greenness and Radiation)模型和 VI(Vegetation Index)模型。该类模型是以植被冠层光合有效辐射的吸收主要来源于叶绿色或绿叶水平($FPAR_{chl}$ 或者 $FPAR_{green}$)(洪长桥等，2017；卫亚星等，2010)作为基本原理。

常用的 GPP 光能利用率估算模型算法结构与参数如表 2.1 所示。

表 2.1　光能利用率估算模型

模型	算　法	参考文献
CASA	$NPP = PAR \times FPAR \times T_{\varepsilon 1} \times T_{\varepsilon 2} \times W_{\varepsilon} \times \varepsilon_{max}$ PAR 表示光合有效辐射；FPAR 表示光合有效辐射比例；ε_{max} 为最大光能利用率；T_{ε} 为温度胁迫系数；W_{ε} 为水分胁迫系数	Potter et al., 1993a； Potter，1999

续表

模型	算　法	参考文献
Glo-PEM	$GPP=\sum_t[(\sigma_{T,t}\times\sigma_{e,t}\times\sigma_{s,t}\times\varepsilon_{g,t}^*)\times(N_t\times S_t)]$ $\varepsilon_{g,t}^*$即ε_{max}；$\sigma_{T,t}$、$\sigma_{e,t}$和$\sigma_{s,t}$分别表示低温、高饱和水汽压差(VPD)和土壤湿度对光合作用的影响；N_t表示FPAR；S_t表示入射PAR	Prince et al., 1995
PSN	$GPP=\varepsilon_{max}\times m(T_{min})\times m(VPD)\times FPAR\times SWrad\times 0.45$ $m(T_{min})$和$m(VPD)$分别表示低温和高VPD对ε_{max}的影响；SWrad表示太阳短波辐射	Running et al., 2004；Running et al., 2000；Zhao et al., 2005a
EC-LUE	$GPP=\varepsilon_{max}\times\min(T_s, W_s)\times FPAR\times PAR$ T_s和W_s分别表示温度和湿度对ε_{max}的影响	Yuan et al., 2007a
3-PGS	$GPP=FPAR\times PAR\times\varepsilon_0\times[f_T\times f_F\times\min(f_D, f_\theta)]$ ε_0即ε_{max}；f_T、f_F、f_D和f_θ分别表示气温、霜冻日数、水汽压亏缺和土壤有效水分含量限制因子	COOPS et al., 1998；Landsberg et al., 1997；刘建锋等，2011)
C-Fix	$GPP=p(T_{atm})\times CO_2fert\times\varepsilon\times FPAR\times c\times S_{g,d}$ ε：光能利用率；$p(T_{atm})$：标准化气温依赖因子；CO_2fert：标准化CO_2施肥效应因子；$S_{g,d}$：入射太阳辐射；c：PAR和$S_{g,d}$的转化系数，0.48	Veroustraete et al.,2002
VPM	$GPP=\varepsilon_0\times T_{scalar}\times W_{scalar}\times P_{scalar}\times FPAR_{PAV}\times PAR$ ε_0即ε_{max}；T_{scalar}、W_{scalar}和P_{scalar}分别表示温度、水分和物候对最大光能利用率的调节；$FPAR_{PAV}$表示植被光合有效辐射吸收的PAR的比例	Xiao et al., 2004b；Xiao et al., 2004d；Xiao et al., 2005a；Xiao et al., 2005b)
TG	$GPP=(scaledEVI\times scaledLST)\times m$ m为模型系数	Sims et al., 2008；Sims et al., 2015
GR	$GPP\propto VI\times PAR_{in}$ $GPP\propto VI\times PAR_p$ PAR_{in}和PAR_p分别表示入射PAR和潜在PAR；VI表示植被指数	Chaoyang et al., 2011；Gitelson, 2012；Vitarelli et al., 2005
VI	$GPP\propto VI\times VI\times PAR$ VI表示植被指数	Wu et al., 2010a；Wu et al., 2010b

常用的 GPP 估算模型中最大光能利用率影响因素及方程总结如表 2.2 所示。最大光能利用率的影响因素主要有温度因素、水分因素、物候因素等。

表 2.2　ε_{max} 的影响因素及其方程

影响因素	算　法	所属模型
温度	$T_{scalar} = \frac{(T - T_{min}) \cdot (T - T_{max})}{(T - T_{min}) \cdot (T - T_{max}) - (T - T_{opt})^2}$ T_{min}、T_{max} 和 T_{opt} 分别表示植物光合作用最小、最大和最适温度	VPM EC-LUE 3-PGS
	$\text{ScaledLST} = \min\left[\left(\frac{\text{LST}}{30}\right);\ (2.5-(0.05\times \text{LST}))\right]$ ScaledEVI = EVI−0.1 LST 表示陆地表面温度	TG
	$p(T_{atm}) = \frac{e^{\left(c_1 - \frac{\Delta H_{a,p}}{R_g T}\right)}}{1 + e^{\left(\frac{\Delta ST - \Delta H_{d,p}}{R_g T}\right)}}$ c_1 表示常数；$\Delta H_{a,p}$ 表示活化能；R_g 表示气体常数；ΔS 表示 CO_2 变性平衡熵；$\Delta H_{d,p}$ 表示去活化能；T 表示空气温度	C-Fix
水分	$W_{scalar} = \frac{1+\text{LSWI}}{1+\text{LSWI}_{max}}$ LSWI 和 LSWI_{max} 分别表示陆面水分指数和最大陆面水分指数	VPM
	① $f_D = e^{-kD}$，其中：k 为常数，D 为水汽压亏缺； ② $f_\theta = \frac{1}{1 + \left[\frac{(1 - r_\theta)}{c_\theta}\right]^{n(\theta)}}$，$r_\theta = \frac{[\theta + (P - \text{ET})]}{\theta_m}$（如分子大于分母，表明土壤水分吸持达到饱和而形成径流，则 r_θ 取 θ_m；如果分子是负值，则 r_θ 为 0），c_θ 和 $n(\theta)$ 表示土壤水分特征参数；θ 表示当月土壤含水量；θ_m 表示土壤最大可利用水分含量；P 表示月降水量（mm）；ET 表示月蒸散量（mm），根据彭曼公式求算	3-PGS
	$W_s = \text{EF} = \frac{1}{1 + \beta}$ EF 和 β 分别表示蒸发比和波文比 $W_s = \frac{\text{LE}}{R_n}$ LE 和 R_n 分别表示潜热（等于蒸散）和净辐射	EC-LUE

续表

影响因素	算 法	所属模型
霜冻	$f_F = 1 - \frac{f_n}{d}$，$f_n = -a\,T_{\min} + b$ d 表示每月天数；a 和 b 为常数；如果$f_n < 0$，则f_n 取 0	3-PGS
物候	$P_{\text{scalar}} = \frac{1 + \text{LSWI}}{2}$，叶片萌生到完全伸展期 $P_{\text{scalar}} = 1$，叶片完全伸展后	VPM
CO_2施肥	$CO_2\text{fert} = \dfrac{[CO_2] - \dfrac{[O_2]}{2s} \quad K_m\left(1 + \dfrac{[O_2]}{K_0}\right) + [CO_2]^{\text{ref}}}{[CO_2]^{\text{ref}} - \dfrac{[O_2]}{2s} \quad K_m\left(1 + \dfrac{[O_2]}{K_0}\right) + [CO_2]}$ K_m 为 Rubisco 与 CO_2 亲和力常数；K_0 为 O_2 的阻力常数	C-Fix

该类模型适用于区域乃至全球尺度的模拟，参数可由遥感反演，可以准确获取季节、年际生产力的动态变化。生理生态机制模糊，驱动数据和模拟结果存在一定的不确定性。适用于区域及全球尺度的生产力估算。

2.2 VPM 模 型

2.2.1 VPM 模型提出背景

卫星遥感可以对植被进行长期的观测，并在表征植被结构特征和陆地生态系统生产力的估算方面发挥越来越大的作用。在基于遥感卫星数据估算 GPP 过程中大部分使用光能利用率(LUE)模型方法估算 GPP。一般表达形式如下：

$$\text{GPP} = \varepsilon_g \times \text{FPAR} \times \text{PAR} \tag{2.2}$$

$$\text{NPP} = \varepsilon_n \times \text{FPAR} \times \text{PAR} \tag{2.3}$$

式中，FPAR 表示植被冠层吸收的光合有效辐射占总光合有效辐射的比例；PAR 表示一个时间段内(天、月)光合有效辐射($\text{MJ} \cdot \text{m}^{-2}$)；$\varepsilon_g$ 表示在 GPP 估算中使用的实际光能利用率(LUE, $\text{gC} \cdot \text{MJ}^{-1}\text{PAR}$)；$\varepsilon_n$ 表示在计算 NPP 估算中使用的实际光能利用率。LUE 模型模拟的时间尺度可以是月尺度(Field et al., 1995)或者日尺度(Running et al., 2000)，主要取决于卫星数据的步长间隔。ε_g 或 ε_n 通常被看作是与温度、土壤湿度或者水汽压差相关的函数(Field et al., 1995; Prince et al., 1995; Running et al., 2000)。

FPAR与归一化植被指数(NDVI)具有很强的相关性，在遥感数据分析中，FPAR通常被表达为NDVI的线性或者非线性函数(Prince et al., 1995, Ruimy et al., 1994, Running et al., 2000)。

$$FPAR = a + b \times NDVI \tag{2.4}$$

式中，a和b是由LUE模型中NDVI数据集确定的参数(Prince et al., 1995)。FPAR与叶面积指数(LAI)也存在很强的相关性，许多基于过程的全球GPP/NPP模型并不计算FPAR，而是计算叶面积指数(Ruimy et al., 1999)。FPAR可以表达为LAI和消光系数(k)的函数(Ruimy et al., 1999)。

$$FPAR = 0.95(1 - e^{-k \times LAI}) \tag{2.5}$$

LUE模型很大程度上基于LAI-FPAR和NDVI-FPAR之间的定量关系，已经在区域和全球范围内得到应用。然而，NDVI的应用有几个限制：对大气条件的敏感性、对土壤背景的敏感性，以及在多层和封闭冠层中NDVI会出现饱和现象。同时，在植被冠层水平，植被冠层由光合部分(Photosynthetically Active Vegetation, PAV，大多数是叶绿素)和非光合部分(Non-photosynthetically Active Vegetation, NPV，大部分是衰老的叶片、枝条和茎)组成。在冠层水平NPV对植被冠层吸收光合有效辐射的比率FPAR具有很大的影响，比如：在叶面积指数< 3.0的森林生态系统中，NPV(树干)增加了10%~40%的冠层FPAR(Asner et al., 1998)。在叶片水平上，单个绿叶也有一定比例的NPV(例如，初级/二级/三级叶脉)，这取决于叶片的年龄和类型。因此，植被冠层光合有效辐射的吸收($FPAR_{canopy}$)必须划分为冠层吸收光合有效辐射的比例($FPAR_{chl}$)和非冠层吸收光合有效辐射的比例($FPAR_{NPV}$)两个部分，只有$FPAR_{chl}$吸收的PAR被用来进行光合作用。

$$FPAR_{canopy} = FPAR_{chl} + FPAR_{NPV} \tag{2.6}$$

Xiao等人认为(Xiao et al., 2004b; Xiao et al., 2004d)在估算陆地生态系统生产力时，任何考虑将植被冠层基于PAV和NPV概念进行划分的模型，都有可能提高对植被冠层(PAV)光合作用吸收PAR量的估计，以及对植被长期光能利用效率(ε_g或ε_n)的量化，使用改进的遥感植被指数将有助于提高表征植被的结构特征，基于此观点提出了新一代的陆地生态系统生产力估算模型——VPM模型。

VPM模型的原理为植被冠层由光合部分(Photosynthetically Active Vegetation, PAV，大多数是叶绿素，Chlorophyll)和非光合部分(Non-photosynthetically Active Vegetation, NPV，大部分是衰老的叶片、枝条和茎)组成，植被冠层光合有效辐射的吸收($FPAR_{canopy}$)也由$FPAR_{chl}$和$FPAR_{NPV}$组成，只有$FPAR_{chl}$用来计算光合作用。

VPM模型是基于CO_2通量数据和MODIS数据构建和发展起来的。自2004年由Xiao等人(Xiao et al., 2004b)在美国缅因州 Howland 常绿针叶林通量站点验证了模型的结构和理论以来，陆续在美国、中国、非洲等不同地区的森林、草地、农田等典型生态系统上开展了模型的发展与验证研究工作。目前 VPM 模型能够模拟常绿针叶林、落叶阔叶林、热带常绿森林、混交林、温带草原、多熟制农田、高寒草甸、高寒湿地、高寒灌丛、热带稀树草原等生态系统 GPP 的季节动态和年际变化，形成了一套适宜于区域模拟的模型参数(表 2.3)。

表 2.3 通量站点上 VPM 模型的模拟结果与观测值的比较

站点名称	生态系统类型	国家	纬度	经度	模拟年份	实测值		模拟值		文献
						GPP^{*}_{obs}	GPP^{*1}_{obs}	GPP^{*}_{pred}	GPP^{*1}_{pred}	
Howland Forest (main tower)	常绿针叶林	美国	45.20°N	68.74°W	1998	1418	1285		1171	Xiao et al., 2004b
					1999	1430	1262		1227	
					2000	1514	1384		1102	
					2001	1506	1379		1253	
Howland Forest	落叶阔叶林	美国	42.54°N	72.18°W	1998	1191	1164		1298	Xiao et al., 2004d
					1999	1391	1369		1486	
					2000	1424	1392		1169	
					2001	1580	1561		1416	
Xilin Gol	温带草原	中国	43.55°N	116.68°E	2003—2005	604		642		Wu et al., 2008a
Changbai Mountain	混交林	中国	42.4°N	128.10°E	2003	1173		1193		Zhang et al., 2009
					2004	1167		1183		
					2005	1017		1056		
Changbai Mountain	温带混交林	中国	42.4°N	128.10°E	2003	1433		1312		Wu et al., 2009
					2004	1312		1189		
					2005	1490		1477		
Yucheng	农田(冬小麦,夏玉米)	中国	36.95°N	116.60°E	2003	1409		1625		Yan et al., 2009b
					2003		602		637	
					2003		789		928	
					2004	2132		1746		
					2004		729		561	
					2004		1171		1041	

续表

站点名称	生态系统类型	国家	纬度	经度	模拟年份	实测值		模拟值		文献
						GPP$^{*}_{obs}$	GPP$^{*1}_{obs}$	GPP$^{*}_{pred}$	GPP$^{*1}_{pred}$	
BT	高寒草甸	中国	37.61°N	101.31°E	2004	789#	733	696#	679	Li et al., 2007
SD	高寒湿地		37.61°N	101.33°E	2004	509	466	477	459	
GCT	高寒灌丛		37.37°N	101.33°E	2004	529	497	486	473	
Maun	稀树草原	非洲	19.92°S	23.56°E	1999—2000	465		468		Jin et al., 2013b
					2000—2001	710		753		
Mongu	稀树草原		15.44°S	23.25°E	2007—2008	1789		1759		
					2008—2009	1487		1422		
Arou station	高寒草甸	中国	38.03°N	100.45°E	2008—2009	853		872		Wang et al., 2013b
Yingke station	农田(玉米)		38.85°N	100.42°E	2008—2009	1567		1264		
Tongyu cropland	农田(玉米)	中国	44.57°N	122.92°E	2004	392		310		Wang et al., 2010b
					2005	504		464		
					2006	437		360		
Tongyu grassland	退化草地	中国	44.59°N	122.52°E	2004	292		252		
					2005	331		298		
					2006	291		258		
Xilinhot	温带草原	中国	43.55°N	116.67°E	2006		313			Liu et al., 2012
					2007		367			
Duolun			42.04°N	116.28°E	2006		339			
					2007		230			

续表

站点名称	生态系统类型	国家	纬度	经度	模拟年份	实测值		模拟值		文献
						GPP^{*}_{obs}	GPP^{*1}_{obs}	GPP^{*}_{pred}	GPP^{*1}_{pred}	
Mead Irrigated	农田(玉米)	美国	41.1651°N	-96.4766°W	2001		1743		1660	Kalfas et al., 2011a
					2002		1648		1676	
					2003		1461		1685	
					2004		1516		1461	
					2005		1505		1640	
Mead Irrigated Rotation			41.1649°N	-96.4701°W	2001		1657		1589	
					2003		1589		1734	
					2005		1599		1721	
Mead Rainfed			41.1797°N	-96.4396°W	2001		1620		1294	
					2003		1283		1392	
					2005		1468		1546	
Rosemount G19 site			44.7217°N	-93.0893°W	2005		1493		1610	
Rosemount G21			44.7143°N	-93.0898°W	2005		1564		1615	
El Reno control	草原	美国	35.5465°N	-98.0401°W	2005		1295		1311	Wagle et al., 2014a
					2006		842		757	
El Reno burned			35.5497°N	-98.0402°W	2005		1513		1482	
					2006		734		817	
Fermi Prairie			41.8406°N	-88.2410°W	2005		1232		1085	
					2007		1359		1308	
Rosemount	农田(大豆)	美国	44.7143°N	93.0898°W	2004		569		591	Wagle et al., 2015a
					2006		745		808	
Mead			41.1649°N	96.4701°W	2002		918		906	
					2004		860		791	
Bondville			40.0062°N	88.2904°W	2002		660		706	
					2004		1198		996	
					2006		948		906	

续表

站点名称	生态系统类型	国家	纬度	经度	模拟年份	实测值		模拟值		文献
						GPP_{obs}^{*}	GPP_{obs}^{*1}	GPP_{pred}^{*}	GPP_{pred}^{*1}	
US-Ne1	农田(玉米)	美国	41.1651°N	96.4766°W	2007		1754		1844	Wagle et al., 2016a
					2008		1703		1697	
					2009		1840		2014	
					2010		1566		1769	
					2011		1578		1643	
US-Ne1	玉米	美国	41.1651°N	96.4766°W	2001		1316		1751	Shihua et al., 2016
					2002		1315		1625	
					2003		1152		1721	
					2004		1148		1609	
US-Ne2			41.1649°N	96.4701°W	2001		1280		1403	
					2003		1374		1553	
US-Ne3			41.1796°N	96.4396°W	2001		1399		1444	
					2003		1160		1609	
US-Bo1			40.0062°N	88.2903°W	2001		1204		1550	
					2003		1495		1596	
US-Bo2			40.0061°N	88.2918°W	2005		1453		1582	
					2004		1821		1660	
US-IB1			41.8593°N	88.2227°W	2006		1357		1494	
					2006		1429		1390	
DE-Kli		德国	50.8929°N	13.5225°E	2005		1366		1499	
					2006		1242		1414	
YK		中国	38.8571°N	100.4103°E	2008		1263		1433	
					2009		1370		1336	
Pivot TE 11	玉米	沙特	24.1773°N	48.0677°E	2015		1871		1979	Madugundu et al., 2017b
Yellow River Delta	沿海湿地	中国	37.7663°N	119.1513°E	2009		1068		1057	Kang et al., 2018a
					2010		1102		1091	

注释：* 表示 1—12 月测量结果；* 1 表示生长季测量结果；#表示 4—12 月测量结果。GPP 单位：gC/m^2。

2.2.2 VPM 模型原理

VPM 模型在估算陆地生态系统 GPP 时，考虑将植被叶片和冠层基于叶绿素部分和非叶绿素部分的概念进行划分，植被冠层吸收光合有效辐射比例分为叶绿素吸收部分($FPAR_{chl}$)和非光合植被吸收部分($FPAR_{npv}$)，只有 $FPAR_{chl}$ 吸收的光合有效辐射(Photosynetically Active Radiation，PAR)被用来进行光合作用(Xiao et al.，2004b，Xiao et al.，2004d)。VPM 模型可表达为：

$$GPP=\varepsilon_g \cdot FPAR_{chl} \cdot PAR \tag{2.7}$$

$$\varepsilon_g=\varepsilon_0 \cdot T_{scalar} \cdot W_{scalar} \tag{2.8}$$

式中，ε_g 指光能利用率(g/MJ，或 μmol CO_2/μmol PPFD，或 gC/mol PPFD)；PAR 指光合有效辐射(MJ/m^2 或 $\mu mol/m^2/s$，Photosynthetic Photon Flux Density，PPFD)；$FPAR_{chl}$ 指植被光合作用吸收的光合有效辐射比；ε_0 值表示最大光能利用率(g/MJ 或 μmol CO_2/μmol PPFD)；T_{scalar} 和 W_{scalar} 分别表示温度和水分对最大光能利用率的调节系数。

在 VPM 模型中，PAR 由通量站点观测数据得到。

$FPAR_{chl}$ 被近似地用增强型植被指数 EVI 来表达。

$$FPAR_{chl}=a \cdot EVI \tag{2.9}$$

式中，a 为经验系数，一般取值为 1(Xiao et al.，2004b；Xiao et al.，2004d)。

T_{scalar} 表示温度对作物光合作用的影响，采用陆地生态系统模型的算法(Raich et al.，1991b)。

$$T_{scalar}=\frac{(T-T_{min})\cdot(T-T_{max})}{(T-T_{min})\cdot(T-T_{max})-(T-T_{opt})^2} \tag{2.10}$$

式中，T_{min}、T_{max} 和 T_{opt} 分别表示农作物进行光合作用时的最低、最高和最适温度，单位为℃。当空气温度小于最低光合作用温度的时候，T_{scalar} 设置为 0。

W_{scalar} 表示水分因子对农作物光合作用的影响。模型中，使用对水分敏感的陆地水分指数(LSWI)进行计算。水分因素的计算公式如下：

$$W_{scalar}=\frac{1+LSWI}{1+LSWI_{max}} \tag{2.11}$$

式中，$LSWI_{max}$ 表示每个栅格像元内农作物生长季的最大 LSWI。

基于 VPM 模型的 GPP 遥感估算步骤：MOD09A1 数据周期为 8 天，①计算 8 天(一个周期)内的 GPP；②生长季(全年)GPP 为生长季(全年)每 8 天 GPP 数据的累加之和。输入的参数中，每 8 天的 PAR 光合有效辐射为 8 天周期内的每日累加和，温度为 8 天周期内的温度平均值。

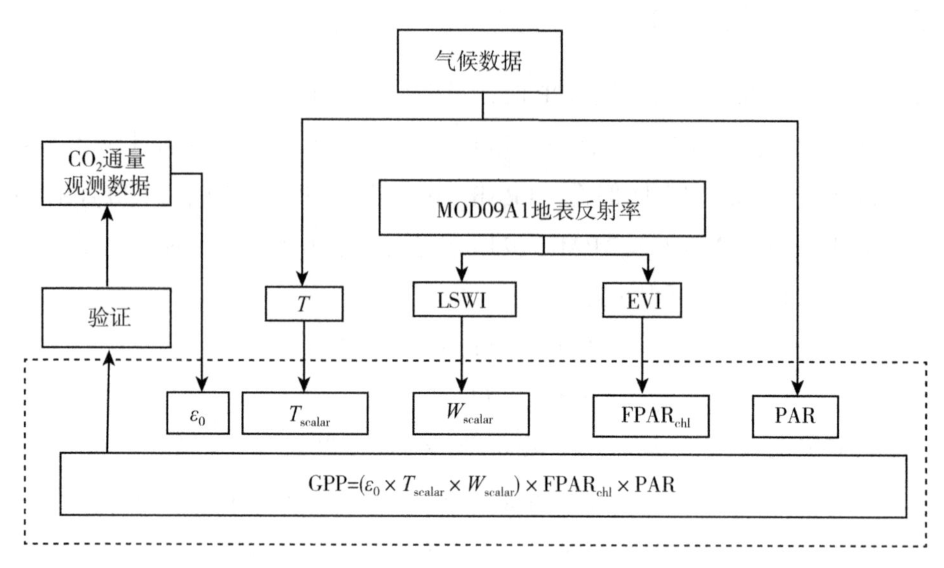

图2.2　VPM模型原理图

2.3　本章小结

本章系统地梳理了光能利用率模型的理论与方法，详细介绍了VPM光能利用率模型的原理。

第3章　基于农田水稻物候的VPM光能利用率模型优化研究

VPM(Vegetation Photosynthesis Model)是一个基于 CO_2通量观测和遥感数据发展起来的光能利用率模型，与同类其他模型相比，其结构简单、驱动参数少、计算效率高(陈静清等，2014)，并且所需的光合有效辐射和植被指数等模型驱动参数可由遥感数据直接获取，适宜于区域和全球尺度的高时空分辨率的动态分析研究，该模型能够模拟农业多熟种植区的农田生态系统生产力，与通量观测和农业统计数据的对比验证研究证明，在中国估算农田生态系统生产力的可靠性高于其他同类模型(冀咏赞等，2015；牛忠恩等，2016a)。

现已有大量基于 VPM 的农田生态系统(旱地作物)生产力研究，然而针对水稻生态系统 GPP 估算的研究偏少，其结果还存在一定的不确定性，因此，本章节基于水稻的物候特征，对 VPM 的最适温度和最大光能利用率进行改进，旨在提高水稻 GPP 的估算精度。

3.1　通量观测站及数据处理

3.1.1　CO_2通量观测站点描述

全球的水稻种植地区主要集中在亚洲，相应的水稻生态系统 CO_2通量观测站点也主要集中在亚洲。分别是日本的 Mase 通量观测站、韩国的 Haenam 通量观测站和中国的荆州通量观测站，另外还有美国的 Twitchell Island 通量观测站。Mase 和 Haenam 通量观测站的数据来源于亚洲通量观测网(http：//asiaflux. net/)；Twitchell Island 通量观测站的数据来源于美国通量观测网(http：//ameriflux. lbl. gov/sites/siteinfo/US-Twt)；荆州通量观测站的数据来源于荆州市农气观测站(表 3. 1)。

1. 日本 Mase 通量观测站点(MSE)

日本 Mase 通量观测站点(36. 0539°N，140. 0269°E，海拔 13m)位于日本中部农村地区的筑波市(Tsukuba city)，东京东北部约50km。站点周围是1.5km(南部距离)乘以1km(东西距离)人工灌溉的平坦稻田(Saito et al.，2005)。总体而言，气候温暖湿润，年平均气温13.5℃，年平均降雨量1236mm。站点周围的稻田种植的是单季水稻，代表了该地区的种植格局。一般在4月底犁地、施肥、灌水，5月初移栽，7月底至8月初抽穗，9月中下旬收获(Harazono et al.，2009；Ono et al.，2015；Saito et al.，2007；Sasai et al.，2012)。通量贡献区分析在以前的文献中已有说明(Saito et al.，2005)。

2. 韩国Haenam通量观测站点(HFK)

韩国Haenam通量观测站点(34.5538°N，126.5699°E，海拔12m)位于韩国的海南郡全罗南道（朝鲜半岛的西南端附近)，该地区主要的土地覆盖类型是水稻土。通量塔周围的地形相对平坦(Kwon et al.，2010；Kwon et al.，2009)。年平均气温13.8℃，年平均降雨量1306mm(Jang et al.，2010；Ryu et al.，2008)。该地区的农业生产模式主要是两种作物轮作(其他作物和水稻)。水稻一般在6月初种植，9月末至10月初收获(Kwon et al.，2010)。通量贡献区分析在以前的文献中已有说明(Kim，2015)。

3. 美国Twitchell island通量观测站点(TWT)

美国Twitchell island通量观测站点(38.10553°N，-121.652097°W)由加州水资源部管理，位于美国加州的萨克拉门托-圣华金三角洲地区特岛，距离太平洋大约100km(Knox et al.，2015)。该地区属于典型的地中海气候，夏季炎热干燥，冬季凉爽湿润。年平均气温15.1℃，年平均降雨量326mm。两种不同的水稻品种，都是耐干旱和寒冷气候的品种，从4月中旬到5月中旬种植，并在9月下旬到10月或11月初收获(Hatala et al.，2012；Knox et al.，2016；Knox et al.，2015)。通量贡献区分析在以前的文献中已有说明(Knox et al.，2016)。

4. 中国荆州通量观测站点(JZ)

荆州通量观测站点位于湖北省荆州农业气象观测试验站(30.35°N，112.15°E，海拔32.2m)。荆州市属于典型的北亚热带湿润季风气候，地处江汉平原腹地、长江中下游农业生态区。年平均气温16.5℃，年均降水量1095mm。常年油菜—水稻两季轮作，一般在6月初移栽，6月中旬分蘖，7月上旬穗始分化，7月底至8月初抽穗，9月上旬成熟(苏荣瑞等，2013)。荆州通量观测站具有一定的空间代表性。

表 3.1 水稻 CO_2 通量观测站点的特征

<table>
<tr><th>站点名</th><th>国家</th><th>纬度/°</th><th>经度/°</th><th>海拔/m</th><th>温度/℃</th><th>降雨/mm</th><th>数据日期/年</th></tr>
<tr><td>Mase</td><td>日本</td><td>36.053900</td><td>140.026900</td><td>13.00</td><td>13.50</td><td>1236</td><td>2003—2005</td></tr>
<tr><td>Haenam</td><td>韩国</td><td>34.553800</td><td>126.569900</td><td>13.74</td><td>13.80</td><td>1306</td><td>2008</td></tr>
<tr><td rowspan="2">Twitchell Island</td><td rowspan="2">美国</td><td>38.105530</td><td>-121.652097</td><td rowspan="2">-5.00</td><td rowspan="2">15.10</td><td rowspan="2">326</td><td rowspan="2">2011—2012</td></tr>
<tr><td>38.105500</td><td>-121.653000</td></tr>
<tr><td>JingZhou</td><td>中国</td><td>30.350000</td><td>112.150000</td><td>32.20</td><td>16.50</td><td>1095</td><td>2010，2013，2018</td></tr>
</table>

3.1.2 数据获取与预处理

1. 通量观测站点数据

1）日本 Mase 通量观测站点（MSE）

该站点采用开路涡流协方差传感器测量 Mase 通量站点的 CO_2 通量。对于通量站点观测设备的固定、设置、校准和测量，在前人的研究中有详细的描述（Saito et al.，2005）。由于仪器故障、降雨或人为干扰、大气条件不适合涡流协方差测量等原因，采集的涡流协方差通量数据将包含大量误差（Saito et al.，2005）。为了消除错误数据，对涡流协方差数据进行了质量控制（Saito et al.，2005）。

将大气和稻田之间的净生态系统 CO_2 交换（NEE）分为总初级生产力（GPP）和生态系统呼吸（R_e），GPP、NEE 和 R_e 之间的关系可以表示为：

$$\text{GPP} = -\text{NEE} + R_e \tag{3.1}$$

详细数据处理过程如下：

（1）NEE 拆分为 GPP 和 R_e。当太阳高度角小于 0°时（也即生态系统光合作用为 0），NEE 等于夜间生态系统呼吸。利用夜间的 NEE 和夜间空气温度（T_a）数据，以及 Van't Hoff 方程（3.2）拟合得到夜间 NEE 与 T_a 的指数关系。然后利用夜间拟合的 NEE 与 T_a 的关系，结合白天近地表空气温度数据来计算白天的生态系统呼吸（R_e），GPP 等于白天的 R_e 减去 NEE。简单指数函数（Falge et al.，2001；Lloyd and Taylor，1994）可以表示为：

$$R_e = A \times e^{(B \times T)} \tag{3.2}$$

式中，A 和 B 为回归确定的经验常数。

图 3.1 展示了 2003—2005 年日本站点夜间空气温度（T_a）与 NEE 的拟合关系，a、b、c 和 d 分别表示水稻 4 个典型物候期。

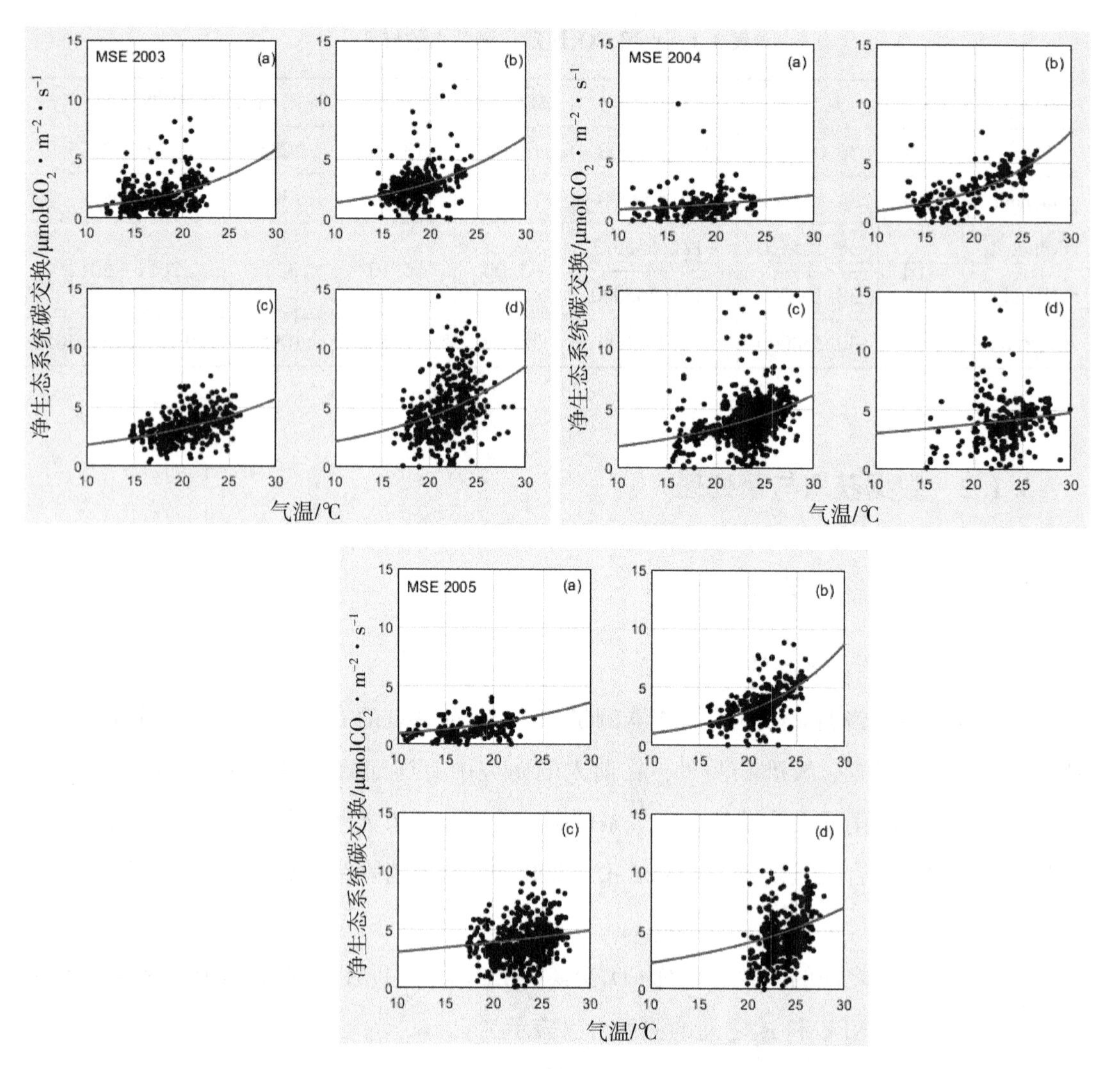

图3.1　2003—2005年日本站点夜间空气温度(T_a)与NEE的拟合关系

(2)数据插补。由于仪器故障、天气等原因，对数据进行质量控制后连续观测的30分钟NEE数据存在缺失情况。因此，我们使用另一种常用方法来插补被剔除掉的NEE数据所对应的GPP。NEE一般表示为入射PAR或入射PPFD（Q_p）的直角双曲函数(Frolking et al.，1998；Ruimy et al.，1996；Ruimy et al.，1995)：

$$\mathrm{NEE} = \frac{\alpha \times Q_p \times \mathrm{GEE}_{max}}{\alpha \times Q_p + \mathrm{GEE}_{max}} - R_e \tag{3.3}$$

也即：

$$\mathrm{GPP} = \frac{\alpha \times Q_p \times \mathrm{GEE}_{max}}{\alpha \times Q_p + \mathrm{GEE}_{max}} \tag{3.4}$$

式中：α 为最大光能利用率或显在量子产量(随着 Q_p接近于0)；Q_p为光合量子通量密度；GEE_{max}为最大的生态系统碳总交换量。日本站点中的 Q_p为仪器观测的入射 PPFD 数据，单位为 $\mu mol \cdot m^{-2} \cdot s^{-1}$。

在本研究中，根据水稻的物候阶段将整个研究期分成 4 个不同的阶段，并确定对数据进行插补处理。

30min 的通量观测数据被处理为每天的 GPP、R_e和 NEE，每日的通量数据、PAR 数据和空气温度数据被处理为 8 天周期的值(与 MOD09A1 数据产品周期一致)，最终我们利用的是 2003—2005 年水稻生长季的每天和 8 天的数据模拟计算 GPP。

2)韩国 Haenam 通量观测站点(HFK)

采用开路涡流协方差传感器测量 Haenam 通量站点的 CO_2通量。通量测量、数据处理、质量控制和数据插补的详细处理信息已在以前的研究中有详细的介绍(Hong et al.，2009；Kang et al.，2014；Kwon et al.，2010)。利用边际分布抽样法(MDS)估算缺失 CO_2通量(Reichstein et al.，2005)。NEE 数据拆分为总初级生产力(GPP)和生态系统呼吸(R_e)的过程，以及 GPP 插补的数据处理过程同日本站点数据处理。

韩国 Haenam 通量站点的光合有效辐射并没有直接测量的入射 PPFD 数据，是根据经验公式由测量的太阳总辐射值计算得到的值(Meek et al.，1984b)。计算公式如下：

$$Q_{PAR} = \theta_Q \times Q \tag{3.5}$$

式中，Q_{PAR}为光合有效辐射($w \cdot m^{-2}$)；Q 为太阳总辐射($w \cdot m^{-2}$)；θ_Q为系数，表示 PAR 占总辐射的比例，本研究取$\theta_Q = 0.45$。

在光合作用的研究中(白建辉等，2009；韩晓阳等，2012；聂修和等，1992；张运林等，2002；周允华等，1987；周允华等，1984)，光通量的测量常用的有 2 种计量系统：能量学系统，单位为 $w \cdot m^{-2}$；量子学系统，单位为 $\mu mol \cdot m^{-2} \cdot s^{-1}$。测量的太阳总辐射单位为 $w \cdot m^{-2}$，为统一单位，本研究取单位换算关系如下(Dye，2004)：$1w \cdot m^{-2} = 4.56\mu mol \cdot m^{-2} \cdot s^{-1}$。

另外一种由太阳总辐射(单位：$w \cdot m^{-2}$)转化为光合有效辐射(单位：$\mu mol \cdot m^{-2} \cdot s^{-1}$)的换算关系(Aber et al.，1996；Ollinger et al.，1995；Wang et al.，2010a；Weiss and Norman，1985；Yuan et al.，2007a)为：

$$Q_{PAR} = 2.05 \times Q \tag{3.6}$$

式中，Q_{PAR}为光合有效辐射($\mu mol \cdot m^{-2} \cdot s^{-1}$)；$Q$ 为太阳总辐射($w \cdot m^{-2}$)。

图 3.2 展示了 2008 年韩国站点夜间空气温度(T_a)与 NEE 的拟合关系，(a)、(b)、(c)和(d)分别表示水稻的 4 个典型物候期。

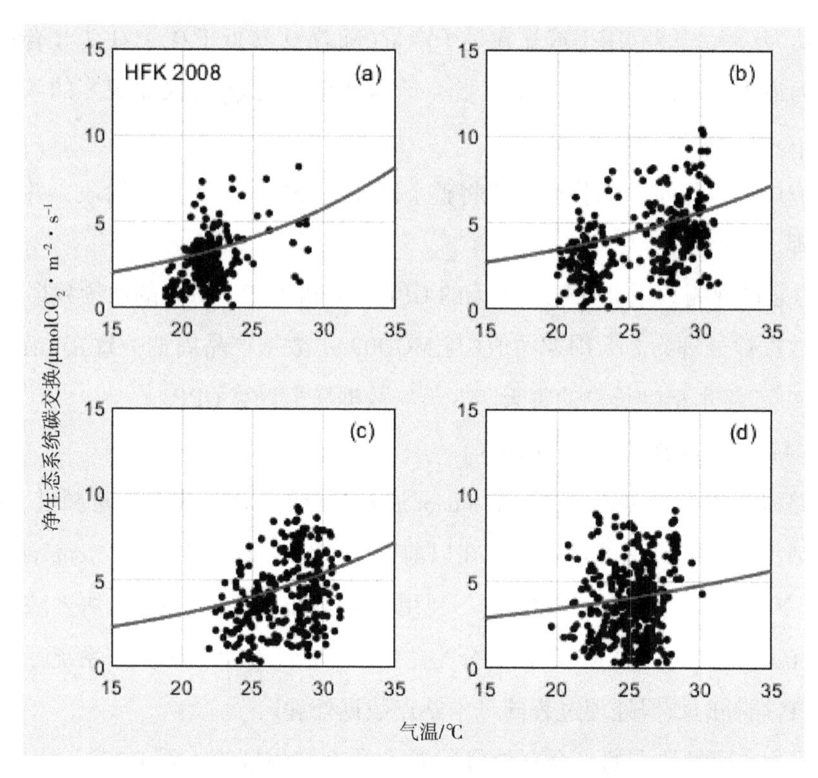

图 3.2 2008 年韩国站点夜间空气温度(T_a)与 NEE 的拟合关系

3)美国 Twitchell Island 通量观测站点(TWT)

采用开路涡流协方差传感器测量 Twitchell Island 通量站点的 CO_2通量。采用人工神经网络(ANN)方法对半小时通量进行插补，详细描述见 Knox 的研究(Baldocchi et al.，2015；Knox et al.，2016)。白天和夜间观测的 CO_2通量分别被插补。将夜间插补获取的人工神经网络(ANN)预测用于对所有数据(白天和夜间值)生态系统呼吸(R_e)的计算，最终，GPP 是通过被插补的 NEE 减去模拟的生态系统呼吸(R_e)来计算得到的。

每天的 GPP、PAR 数据和空气温度数据被处理为 8 天为周期的值(与 MODIS 卫星数据的 MOD09A1 产品周期一致)，最终我们利用的是 2011—2012 年水稻生长季的每天和 8 天的数据来计算 GPP。

4)中国荆州通量观测站点(JZ)

由于 CO_2日排放模态数据是非线性的，采用 Matlab 软件为数据处理平台，对 CO_2通量观测数据的连续性和质量进行判断。气象观测数据的记录没有缺失(苏荣瑞等，2013)，观察三维超声风速仪和 CO_2/H_2O 红外气体分析仪的采样记录，如果参与 30 分钟通量计算的 10Hz 采样数据小于 15000 个(也即参与协方差统计的采样数据时间少于 25 分钟)，则对应的 30 分钟通量数据被剔除；如果 30 分钟平均自动增益控制值(AGC)大于 65%，表示分析仪受到污染，则对应 30 分钟的通量数据被剔除；对应有降水记录的 30 分钟通量数据被剔除；以总辐射 $10W/m^2$ 为划分标准，将数据分为白天和晚上；以月为标准，对每月的夜间所有数据中大于月平均±3 标准差的值作为噪声进行剔除，白天的数据做同样的处理；夜间存在不充分的湍流，通常会造成 EC 技术低估夜间的 CO_2 交换量，大量的研究者利用夜间 CO_2 交换量与表征湍流机械产生的摩擦风速(u^*)的关系来剔除夜间弱湍流交换下的通量观测值，本研究将 $u^*<0.1m/s$ 时的涡度相关通量数据进行剔除，夜间观测通量数据小于 0 的值也被剔除。2010 年、2013 年和 2018 年整个生长季通量数据的拒绝率分别为 50.08%，56.22%和 31.89%。

荆州站点 NEE 数据拆分为 GPP、R_e 和 GPP 数据插补，数据处理过程同日本站点。荆州站点光合有效辐射数据处理同韩国站点，根据经验公式由太阳总辐射计算得到。

2. 遥感数据

本节所使用的遥感数据主要是 MODIS 数据，遥感数据介绍与预处理如下。

1）MODIS 数据介绍

地球观测系统(Earth Observing System，EOS)的第一颗先进的极地轨道环境遥感卫星 Terra 于 1999 年 2 月 18 日由美国成功发射。它的主要目标是实现在单系列极轨空间平台上对太阳辐射、大气、海洋和陆地进行综合观测，获取有关海洋、陆地、冰雪圈和太阳动力系统等信息，进行土地利用和土地覆盖研究、气候季节和年际变化研究、自然灾害监测和分析研究、长期气候变率的变化，以及大气臭氧变化研究等，进而实现对大气和地球环境变化的长期观测和研究的总体(战略)目标。Terra 的双子星 Aqua 星于 2002 年 5 月 4 日成功发射，从而可以实现每天接收两次观测的数据。

搭载在 Terra 和 Aqua 两颗卫星上的中分辨率成像光谱仪(MODIS)是美国地球观测系统(EOS)计划中用于观测全球生物和物理过程的重要仪器。它具有 36 个中等分辨率水平(0.25~1μm)的光谱波段，每 1~2 天对地球表面观测一次。获取陆地和海洋温度、初级生产力、陆地表面覆盖、云、汽溶胶、水汽和火情等目标的图像(见表 3.2)。

表 3.2 本节所采用的 MODIS 陆地产品波段

波段号	波段名称	波长范围/μm	分辨率/m	用途
B1	Red	0.620~0.670	250	陆地/云边界
B2	NIR	0.841~0.876		

续表

波段号	波段名称	波长范围/μm	分辨率/m	用途
B3	Blue	0.459~0.479	500	陆地/云特性
B4	Green	0.545~0.565		
B5	TIR	1.230~1.250		
B6	SWIR1	1.628~1.652		
B7	SWIR2	2.105~2.155		

MODIS 官网提供的所有 MODIS 陆地标准产品的格式为 HDF-EOS，数据组织方式为 10°经度×10°纬度的分片(TILE)方式。

2)遥感数据预处理

本研究下载了 2000—2017 年 MOD09A1 的地表反射率数据，来源于 MODIS 官网(https://search.earthdata.nasa.gov/)，其时间分辨率为 8 天，空间分辨率为 500m，格式为 HDF。利用 MRT 软件对 MOD09A1 数据进行格式转换、投影转化和重采样处理；使用 MODIS 陆地数据业务化产品质量评估工具(LDOPE Tools)把质量波段压缩的二进制恢复为通常的十进制波段，即解码，便于数据质量控制。处理后的数据为 TIF 格式，投影为 Albers 等积圆锥投影，空间分辨率为 500m。EVI 的计算公式如下：

$$\mathrm{EVI} = G \times \frac{\rho_{\mathrm{nir}} - \rho_{\mathrm{red}}}{\rho_{\mathrm{nir}} + (C_1 \times \rho_{\mathrm{red}} - C_2 \times \rho_{\mathrm{blue}}) + L} \tag{3.7}$$

式中，$L = 1$，$C_1 = 6$，$C_2 = 7.5$，$G = 2.5$；ρ_{nir}、ρ_{red} 和 ρ_{blue} 分别为遥感数据的近红外波段、红波段和蓝波段的地表反射率。

$$\mathrm{LSWI} = \frac{\rho_{\mathrm{nir}} - \rho_{\mathrm{swir}}}{\rho_{\mathrm{nir}} + \rho_{\mathrm{swir}}} \tag{3.8}$$

式中，ρ_{nir} 和 ρ_{swir} 分别为遥感数据的近红外波段(0.78~0.89μm)和短波红外波段(1.58~1.75μm)的地表反射率。

3.2　基于农田水稻物候的 VPM 模型改进

3.2.1　农田水稻物候遥感识别

1. 水稻物候

植被物候是指植被受环境(气候、水文、土壤条件等)影响而出现的以年为周期的自然现象，包括发芽、展叶、开花、叶变色、落叶等现象。农田物候现象的发生日期和生长季的长度等是描述农田对生态环境变化响应的重要指标，也是全球气候变化研究和农田生态系统分析和管理的重要方面。中国学者根据我国水稻种植的特点，总结水稻的主要物候期如表 3.3 所示。

表 3.3 水稻物候期

时期 0——发芽期	时期 4——孕穗期	时期 7——乳熟期
时期 1——幼苗期	时期 5——抽穗期	时期 8——蜡熟期
时期 2——分蘖期	时期 6——扬花期	时期 9——完熟期
时期 3——拔节期		

注：参考中国水稻研究所(http://www.ricedata.cn/shuidao/)。

2. 时间序列重建

由于云雨天气的影响，遥感植被指数会有异常值，因此本研究采用 S-G 滤波，对数据进行滤波处理，重构植被指数数据，有效地降低异常值对物候信息提取的影响。

3. 水稻关键物候期确定

物候参数提取方法主要有 logistic 模型拟合法、时间序列提取法、阈值法(徐岩岩，2012)。张晓阳等(Zhang et al.，2003)提出了利用单 logistic 函数拟合植被物候期的方法。本研究采用单 logistic 方法对 4 个通量站点的水稻物候期进行识别。单 logistic 函数是一种分段式的 logistic 函数拟合方法，利用拟合曲线曲率变化的特点，确定 EVI 时间序列曲线上农田水稻物候期。模型可以表示为

$$y(t) = \frac{c}{1 + e^{a+bt}} + d \tag{3.9}$$

式中，t 为植被指数日期的天序数(DOY)；$y(t)$ 为在时间 t 的 EVI 值；d 为 EVI 的初始背景值，一般认为是时间序列中最小的 EVI 值；$c+d$ 为最大 EVI 值；a 和 b 是拟合参数。

该方法可以分段拟合农田水稻生长季内不同物候期的特点，对于具有多个生长季地区的植被，其物候期也可以进行模拟，因此，该方法在区域乃至全球尺度上被广泛应用。

农田水稻关键物候期的确定是通过 logistic 方法拟合的物候曲线的曲率来实现的，曲率变化的极值点通常与关键的物候转变期是相对应的。曲率的变化率可以由以下公式表达(Zhang et al.，2003)：

$$K' = b^3cz\left\{\frac{3z(1-z)(1+z)^3[2(1+z)^3+b^2c^2z]}{[(1+z)^4+(bcz)^2]^{\frac{5}{2}}} - \frac{(1+z)^2(1+2z-5z^2)}{[(1+z)^4+(bcz)^2]^{\frac{3}{2}}}\right\} \tag{3.10}$$

$$z = e^{a+bt} \tag{3.11}$$

式中，参数 a、b、c 意义与公式(3.6)中的相同。

第一段中，EVI 拟合曲线的曲率变化率的第一个极大值对应水稻的返青期，极小值对应水稻的分蘖期，第二个极大值对应水稻的穗始分化期；第二段中，EVI 拟合曲线曲率的变化率的第一个极小值对应抽穗期，第二个极小值对应成熟期。

3.2.2　最适温度的改进

在 VPM 中，植被生长的最适温度(T_{opt})被定义为植被 NDVI 或者 EVI 达到最大值时的温度或者其所在月份的平均温度(Field et al.，1995；Potter et al.，1993a)；也有学者将最适温度定义为生长季温度的平均值(Yan et al.，2009a)等。这样的定义还缺乏普适性和全面性：植被的 NDVI 或者 EVI 最大值易受遥感光谱的影响，植被生长实际最适温度所处时间可能是生长期内的任意一段时间(并不是完全对应某个月份)；对于农田水稻作物，其生长期包含多个阶段，每个阶段都有其最适生长温度，统一采用生长季均温无法代表水稻生长期内不同生长阶段的最适温度。水稻的生长有其自身的物候特征，因此基于水稻的生长特性重新定义最适温度显得尤为必要。根据以上分析，本研究将最适温度定义为水稻物候期内平均温度。计算公式如下：

$$T_{popt_i} = \text{mean}(T_1, T_2, T_3, \cdots, T_j) \tag{3.12}$$

式中，$i=1, 2, 3, \cdots, N$，N 为水稻生长季的物候期期数；$j=1, 2, 3, \cdots, n$，n 为各物候期内温度观测次数。

3.2.3　最大光能利用率的改进

在 VPM 中，认为最大光能利用率是生长季中的最大值，而实际上不同地区植被的最大光能利用率有显著差异，就同一种植被而言，在不同的生长阶段，其最大光能利用率也是有显著差异的(Bouman et al.，2006；Inoue et al.，2008；Xiao et al.，2011a；Xue et al.，2016)。对于农田水稻作物，其生长季包含多个生长发育阶段，每个阶段都有不同的最大光能利用率。本研究根据水稻的物候特性，分物候期定义最大光能利用率。计算公式如下：

$$\text{NEE}_i = \frac{\alpha_i \times Q_{P_i} \times \text{GEE}_{\max_i}}{\alpha_i \times Q_{P_i} + \text{GEE}_{\max_i}} - R_{e_i} \tag{3.13}$$

式中，$i=1, 2, 3, \cdots, N$，N 为水稻生长季的物候期期数；α 为最大光能利用率或显在量子产量(随着Q_P接近于0)；Q_P为光合量子通量密度；GEE_{max}为最大的生态系统碳总交换量。

3.3 结果与验证

3.3.1 水稻物候提取结果及验证

为确定各站点的最适温度和最大光能利用率，基于单 logistic 函数模拟 4 个通量观测站点水稻作物的物候曲线(图 3.3)，提取 4 个站点水稻的物候期。

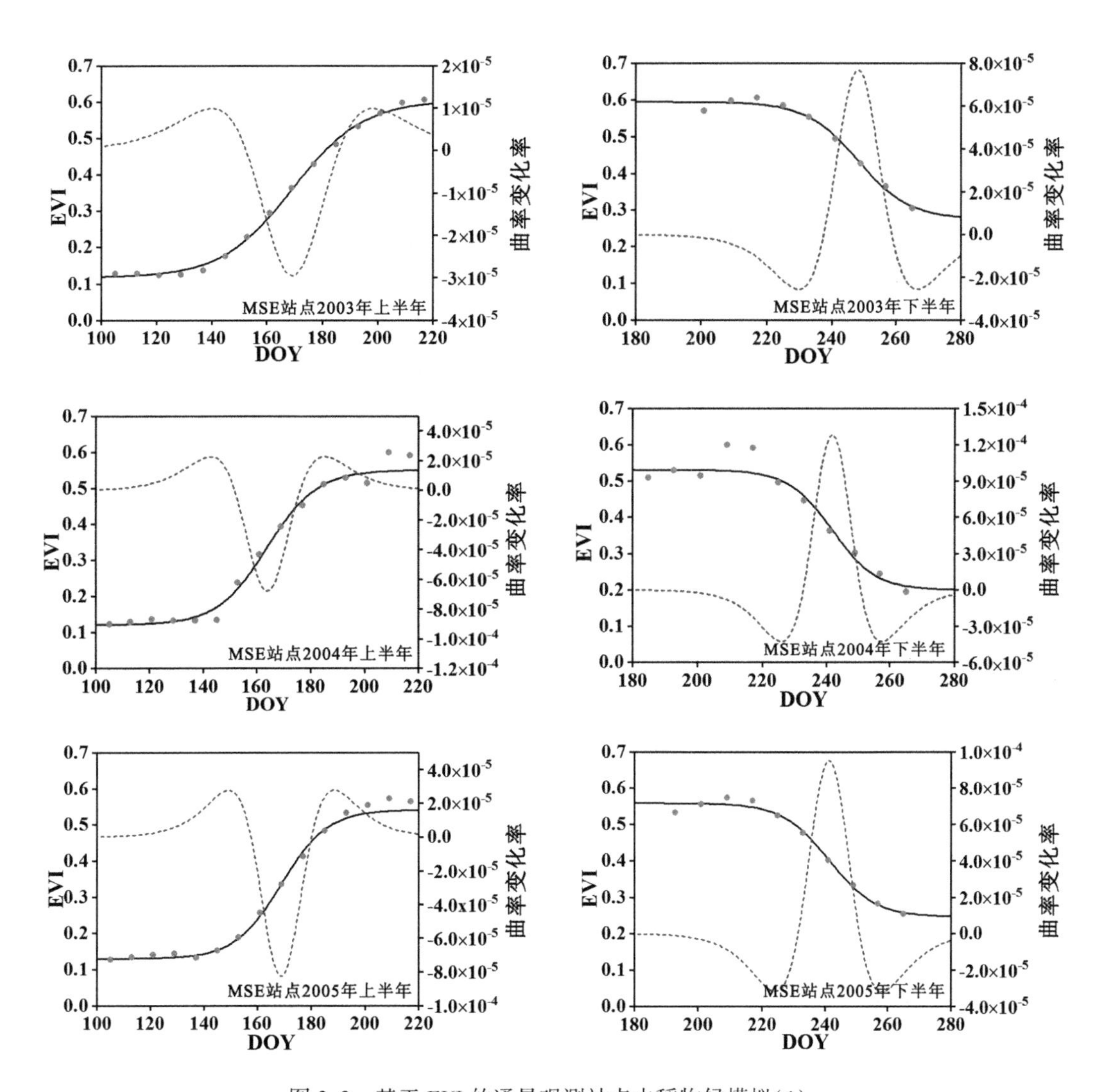

图 3.3 基于 EVI 的通量观测站点水稻物候模拟(1)

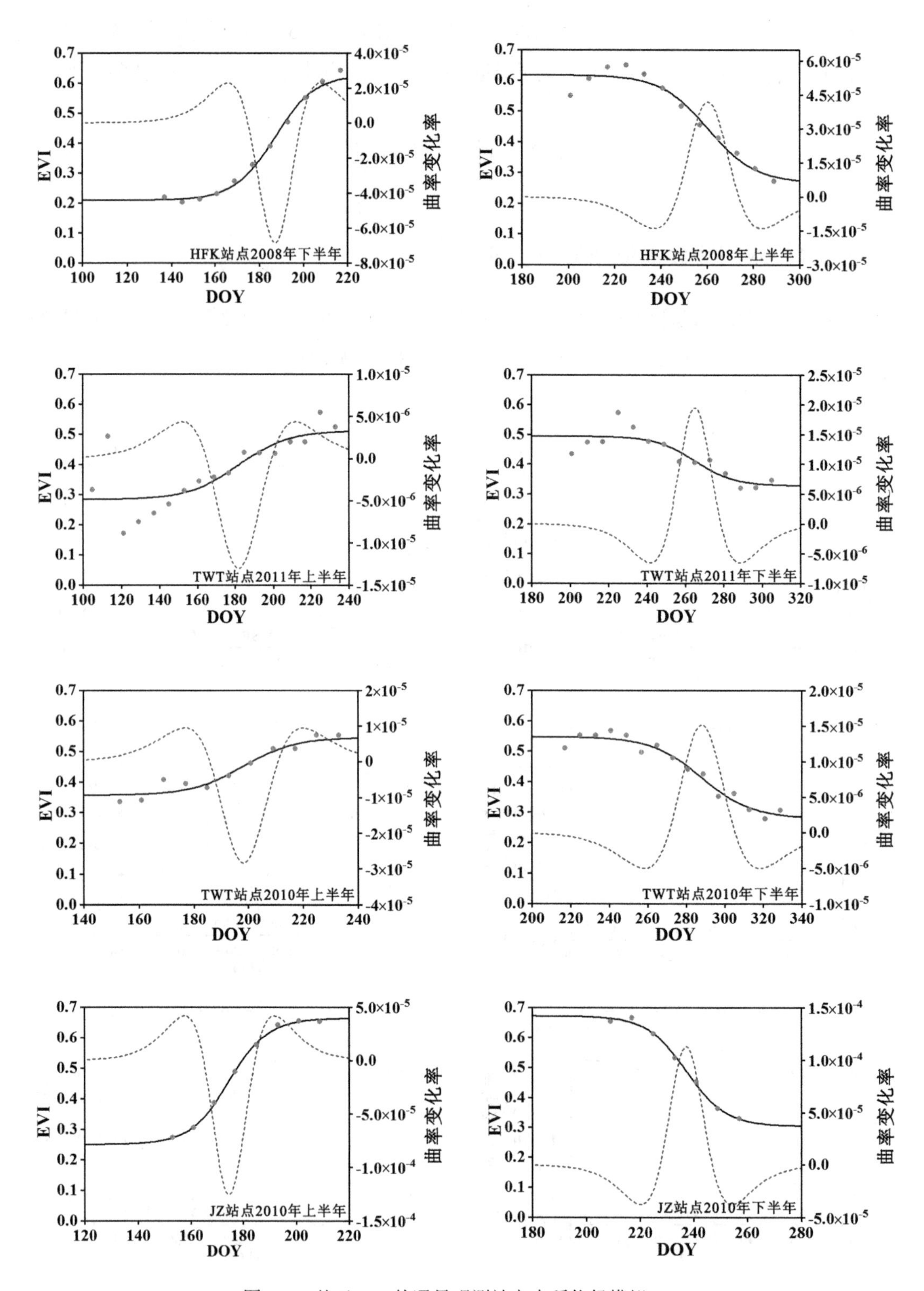

图3.3 基于EVI的通量观测站点水稻物候模拟(2)

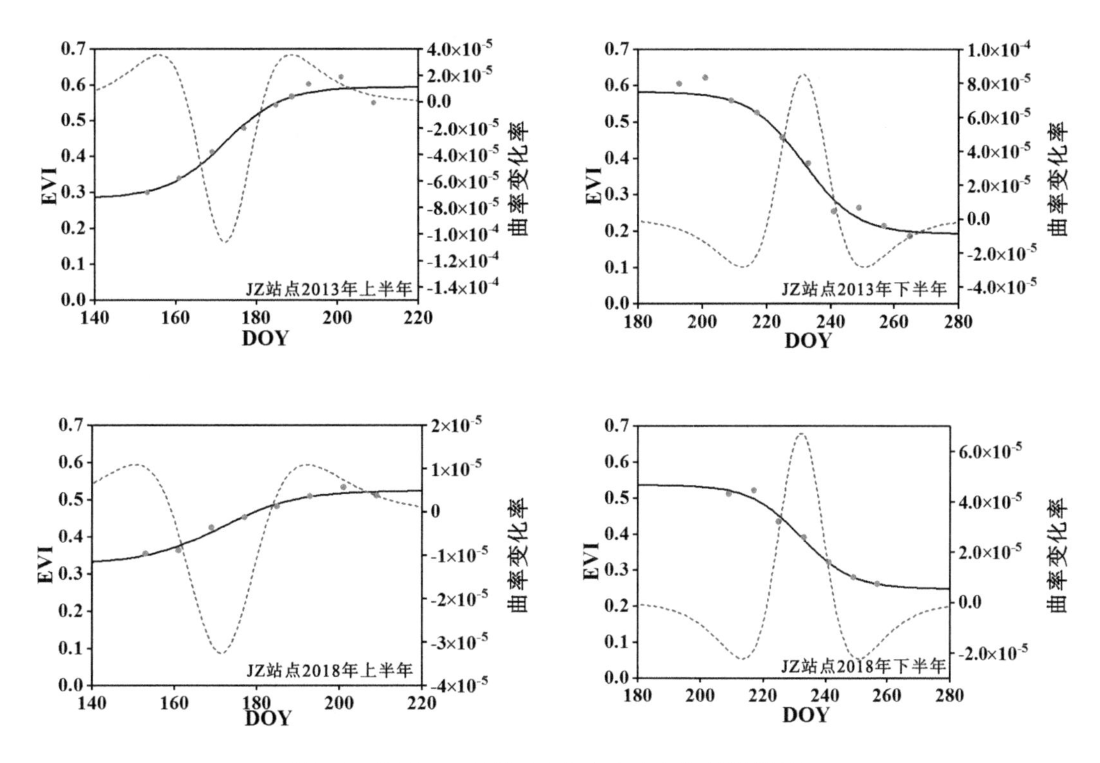

图 3.3 基于 EVI 的通量观测站点水稻物候模拟(3)

日本、韩国、美国和中国通量观测站点水稻物候遥感识别结果如表 3.4 所示。

表 3.4 水稻关键物候期遥感识别结果

站点名称	数据年份	返青-分蘖期(DOY)	分蘖-穗始分化期(DOY)	穗始分化-抽穗期(DOY)	抽穗-成熟期(DOY)	物候期长度
Mase	2003	142~168	169~195	196~230	231~266	125
	2004	143~165	166~186	187~227	228~258	116
	2005	150~169	170~188	189~225	226~258	109
Haenam	2008	168~188	189~208	209~239	240~282	115
Twitchell Island	2011	153~181	182~210	211~242	243~288	136
	2012	178~198	199~220	221~260	261~315	138
JingZhou	2010	158~174	175~191	192~220	221~253	96
	2013	155~172	173~188	189~213	214~250	96
	2018	152~171	172~190	191~214	215~251	100

注：DOY——the day of the year。

在日本、美国和韩国的通量站点，将水稻物候期遥感提取结果与以前研究文献进行验证(Harazono et al.，2009；Hatala et al.，2012；Knox et al.，2016；Knox et al.，2015；Kwon et al.，2010；Ono et al.，2015；Saito et al.，2007；Saito et al.，2005；Sasai et al.，2012)，荆州站点的提取结果与中国气象局获取的农作物生长发育资料进行对比验证，结果表明提取结果一致可靠。

3.3.2　改进的最适温度和 LSWI

根据改进的 VPM 对最适温度的定义，分别计算 4 个通量观测站点水稻生长季 4 个物候期内的平均气温作为最适温度(表 3.5)。

表 3.5　最适温度改进前后对比

站点名称	年份	T_{opt}/℃	T_{popt}/℃			
			返青-分蘖期	分蘖-穗始分化期	穗始分化-抽穗期	抽穗-成熟期
Mase	2003	20	19.31	21.07	22.53	24.56
	2004		21.61	23.29	27.06	24.75
	2005		19.65	24.35	25.61	26.46
Haenam	2008	25	23.24	27.47	27.98	24.55
Twitchell Island	2011	18	18.44	20.83	20.31	19.26
	2012		20.36	20.72	20.77	16.66
JingZhou	2010	27.57	25.28	28.69	29.33	26.25
	2013	28.47	25.91	29.18	30.51	28.61
	2018	28.64	26.28	27.46	30.47	29.74

水稻生长季最大水分指数($LSWI_{max}$)如表 3.6 所示。选择每个站点每一年生长季最大的 LSWI 作为$LSWI_{max}$。LSWI 表示地表水分指数，因此每个站点每一年的参数不同。

3.3.3　改进的最大 LUE

最大光能利用率因不同的植被类型存在显著的差异。对于特定的植被类型最大光能利用率的获取通常可以通过文献调研或者瞬时 NEE 和 PPFD 数据拟合分析。本研究中，我们使用生长季白天半小时的 NEE 和 PPFD 数据，利用直角双曲线方程(Michaelis-Menten)，对最大光能利用率(表观量子效率)进行计算(Saito et al.，2005)，根据物候期将生长季分为 4 个阶段，每个阶段分别拟合出最大光能利用率(表 3.7)。

表 3.6 各站点不同年份最大水分指数

站点名称	年份	$LSWI_{max}$	DOY
Mase	2003	0.38592	209
	2004	0.42327	209
	2005	0.35892	193
Haenam	2008	0.32989	233
Twitchell Island	2011	0.34023	225
	2012	0.37213	241
JingZhou	2010	0.39528	217
	2013	0.39117	209
	2018	0.37625	209

表 3.7 最大光能利用率改进前后对比

站点名称	年份	VPM ε_0 (mol CO_2/mol PPFD)	改进 VPM ε_0 (mol CO_2/mol PPFD)			
		水稻生长季	返青-分蘖期	分蘖-穗始分化期	穗始分化-抽穗期	抽穗-成熟期
Mase	2003	0.05	0.035	0.06	0.051	0.049
	2004		0.03	0.058	0.045	0.03
	2005		0.047	0.065	0.047	0.04
Haenam	2008		0.036	0.04	0.038	0.047
Twitchell Island	2011		0.02	0.037	0.038	0.035
	2012		0.02	0.030	0.040	0.025
JingZhou	2010		0.032	0.05	0.03	0.03
	2013		0.038	0.03	0.033	0.045
	2018		0.03	0.033	0.035	0.045

图 3.4 展示了水稻物候期白天 30min NEE 和 PPFD 数据拟合结果，a、b、c 和 d 分别表示水稻的 4 个典型物候期。

3.3.4　基于PVPM的水稻GPP模拟结果与精度评价

1. 通量观测站点GPP的模拟结果

将改进的VPM(PVPM)预测的GPP(GPP_{PVPM})的季节动态与通量站点(9个站点年)的GPP_{EC}的季节动态进行对比。在日本的MSE通量观测站点，GPP_{PVPM}在6月份迅速上升，在8月份达到峰值，到9月底下降到<5gC·m^{-2}·day^{-1}，2003—2005年GPP_{EC}的季节动态和年际变化保持了很好的一致性。在韩国的HFK通量观测站点，2008年的GPP_{PVPM}相对于GPP_{EC}在8—9月有略微的高估。在美国的TWT通量观测站点，2011年的GPP_{PVPM}与GPP_{EC}保持了很好的一致性，2012年GPP_{PVPM}生长季的最大值明显高于GPP_{EC}。在中国荆州的通量观测站点，2010年和2013年的水稻GPP_{PVPM}与GPP_{EC}保持了很好的一致性，2018年生长季的峰值处GPP_{PVPM}相对于GPP_{EC}存在高估的现象(图3.5)。

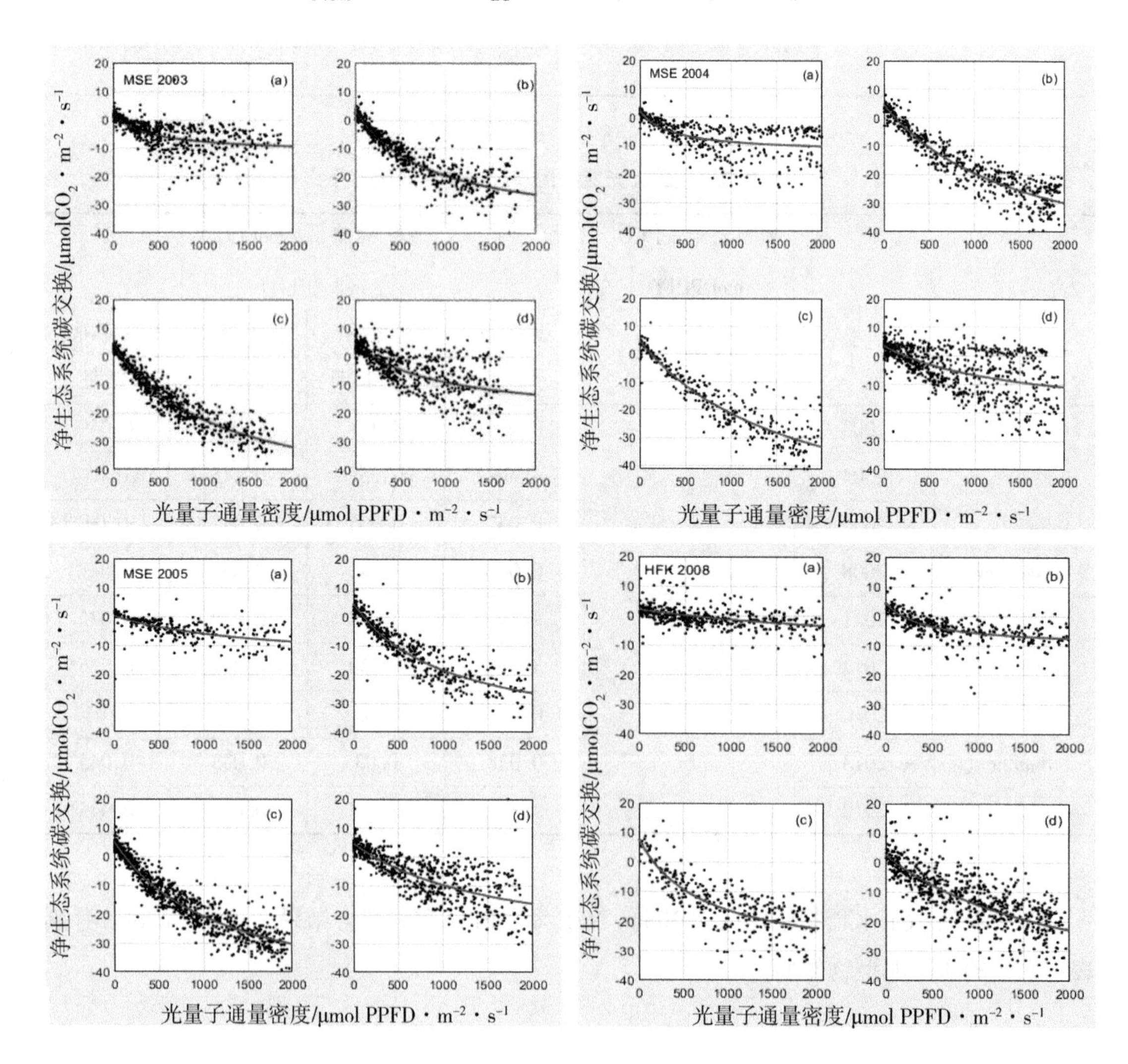

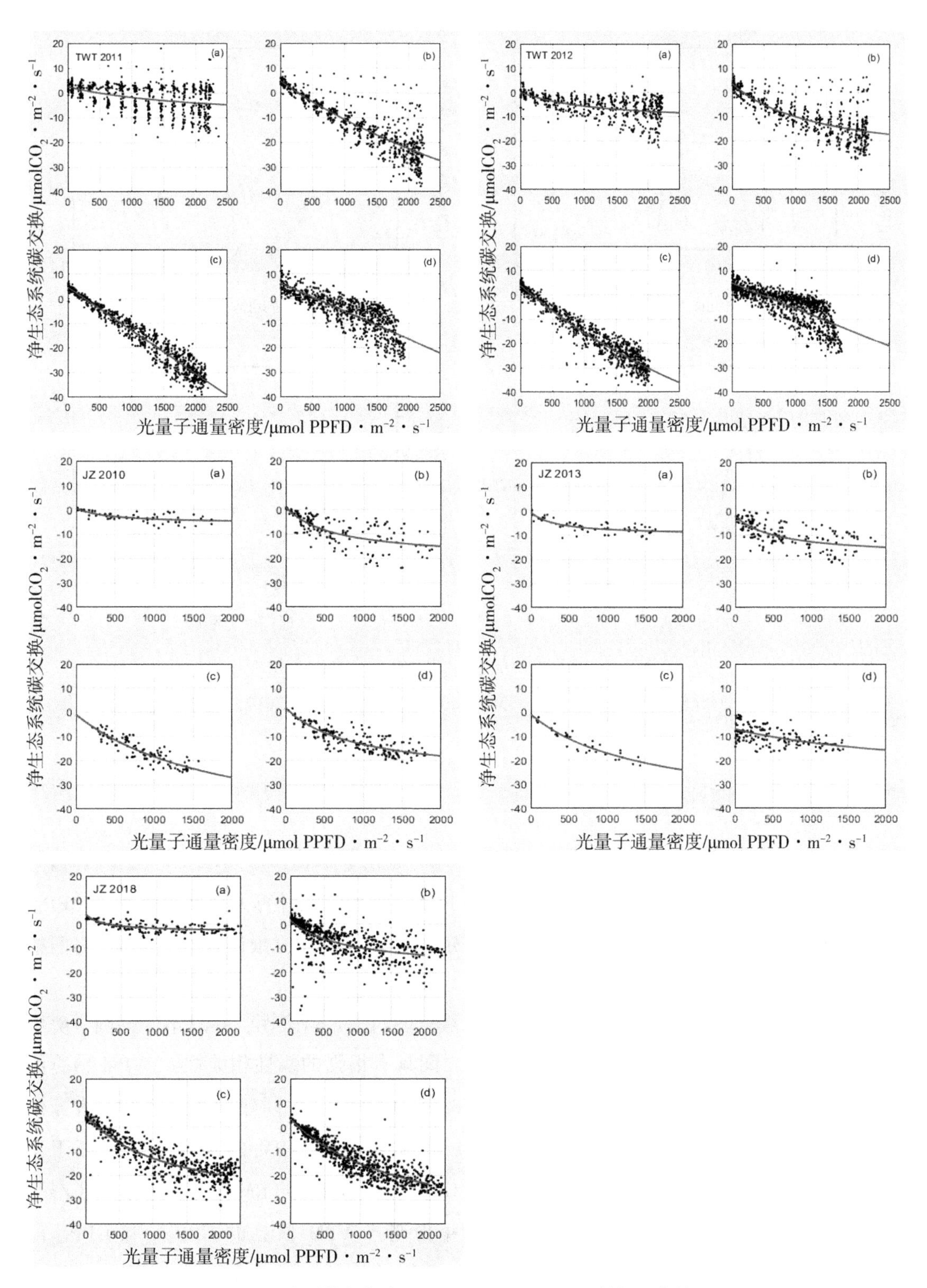

图3.4 水稻物候期白天30min NEE和PPFD数据拟合结果

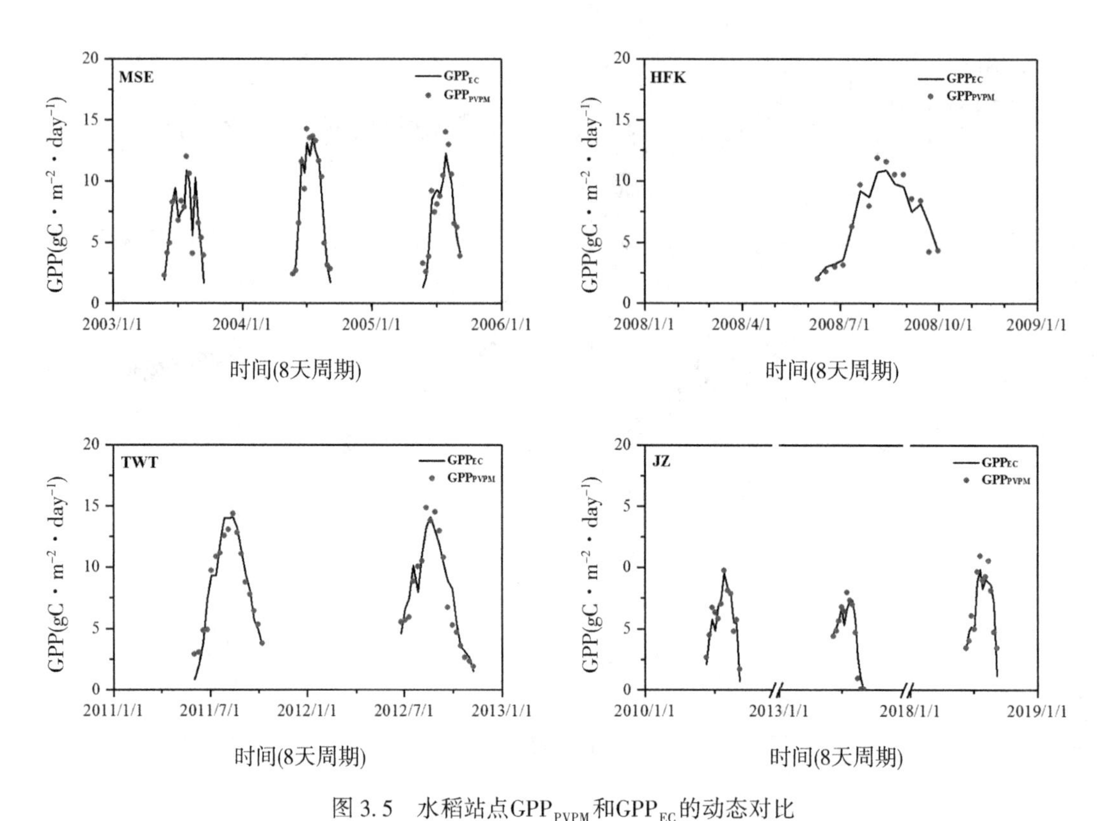

图 3.5　水稻站点GPP_{PVPM}和GPP_{EC}的动态对比

（注：MSE，2003—2005 年；HFK，2008 年；TWT，2011—2012 年；JZ，2010 年、2013 年和 2018 年。）

2. PVPM 精度评价

在 4 个通量站点上，分别采用 VPM 和 PVPM 估算了水稻的总初级生产力 GPP_{VPM}和GPP_{PVPM}。通量观测站点采用涡动协方差(EC)技术观测的数据计算的总初级生产力 GPP_{EC}作为验证数据。分别计算 VPM 和 PVPM 的决定系数(R^2)和均方根误差(RMSE)，对两模型精度进行比较与评价。

水稻作物生长季节的 GPP_{PVPM}与 GPP_{EC}的散点图(图 3.6)表明：在日本、韩国、美国和中国 4 个通量观测站点，GPP_{PVPM}和 GPP_{EC}之间具有很强的线性相关性，PVPM 估算的 GPP_{PVPM}和 GPP_{EC}的 R^2 分别为 0.92、0.95、0.91 和 0.91；相同年份基于 VPM 估算的 GPP_{VPM}和 GPP_{EC}的 R^2 分别为 0.82、0.26、0.84 和 0.62；PVPM 的决定系数均高于原 VPM。在这 4 个通量观测站点，PVPM 估算的 GPP_{PVPM}和 GPP_{EC}的 RMSE 分别为 1.04gC/m^2、0.79gC/m^2、1.22gC/m^2 和 0.88gC/m^2；相同年份基于 VPM 估算的 GPP_{VPM} 和 GPP_{EC} 的 RMSE 分别为 1.60gC/m^2、3.6gC/m^2、1.79gC/m^{2}和 2.73gC/m^2；PVPM 验证的均方根误差均低于原 VPM。说明在水稻作物 GPP 估算中，PVPM 估算精度优于原 VPM。

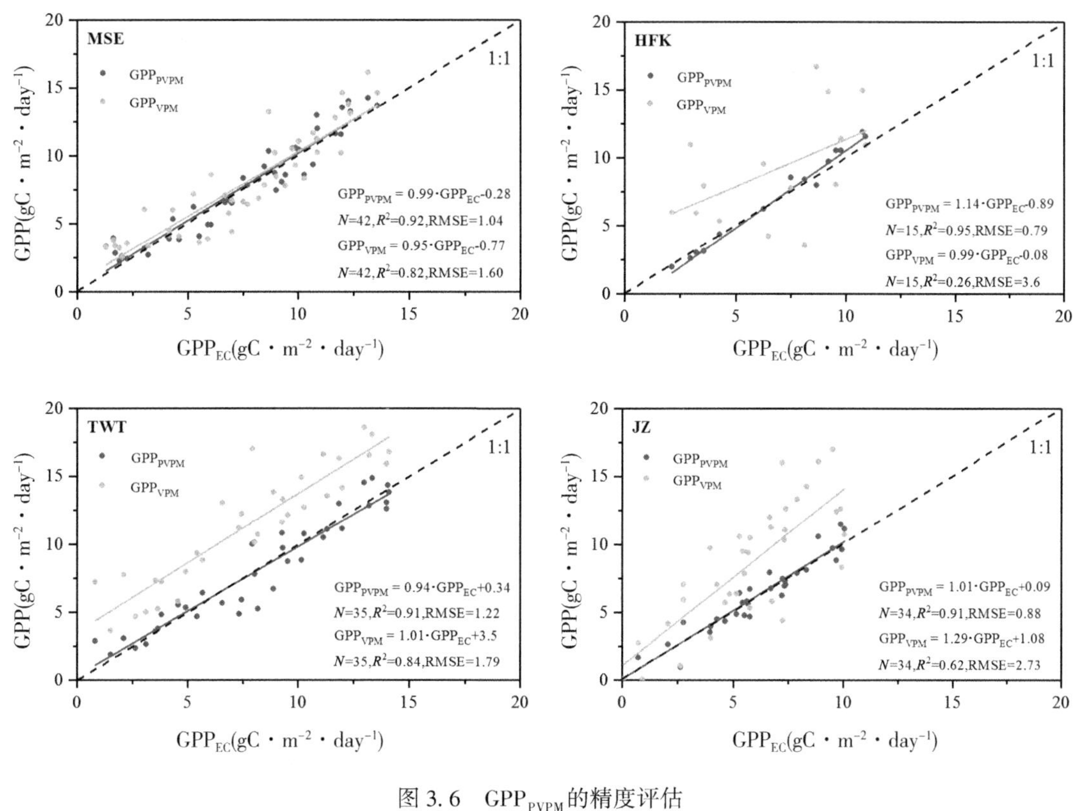

图 3.6　GPP$_{PVPM}$的精度评估

3.4　讨　论

3.4.1　温度、PAR、植被指数(EVI、LSWI)和 GPP$_{EC}$的季节性动态

1. 温度和 PAR 的季节性动态

图 3.7 为 4 个通量站点多年来气温与 PAR 的对比。4 个站点的 PAR 季节动态很相似，最高值都出现在仲夏，除了韩国的 HFK 站点和中国的荆州站点，夏季雨量较多，具有频繁的云层覆盖。4 个站点的气温季节变化规律相似，在仲夏季节气温最高。水稻的生长期从日平均气温达到 10℃或 10℃以上开始。

2. 站点 GPP$_{EC}$的季节性动态

图 3.8 展示了 4 个站点多年来实测 GPP(GPP$_{EC}$)的比较。在日本的 Mase 站点，在 5 月

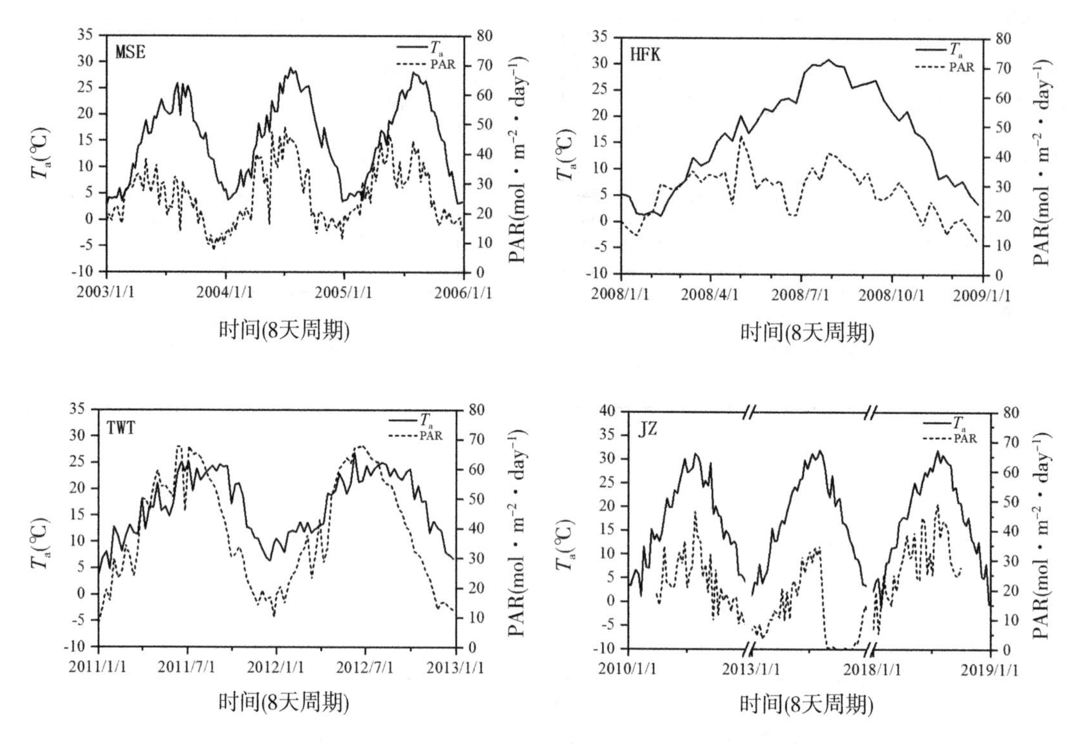

图3.7 通量站点8天空气温度(T_a)均值和8天光合有效辐射(PAR)均值的季节动态

初移栽水稻幼苗，9月中旬收获水稻。水稻移栽后，GPP_{EC}值增长缓慢，在7月下旬—8月初达到峰值，9月趋于零。在韩国南部地区的Haenam站点，水稻GPP_{EC}在6月中旬开始快速增长，在8月中旬达到峰值，到10月下旬逐渐成熟收获。在美国的Twitchell Island站点，GPP_{EC}在5月份开始增加，在8月份达到峰值，到10月底几乎为零，直到收获。在中国荆州通量站点，5月底或6月初移栽水稻幼苗，9月中旬收获。GPP_{EC}在6月份开始增加，在7月底或8月初达到峰值，9月中旬几乎为零，直至收获。在这4个站点(9个站点年)中，一年内GPP_{EC}的8日均值的最大值在5~20gC · m^{-2} · d^{-1}之间变化(图3.8)。

3. EVI和LSWI的季节性动态

图3.9为4个站点的植被指数(EVI和LSWI)的比较。在日本的Mase水稻站点，EVI和LSWI均在4月底快速上升，9月份分别降至0.2和0.0。韩国的Haenam水稻站点的EVI和LSWI在6月中旬迅速上升，到10月底分别降至0.2和0.0。在美国的Twitchell Island水稻站点，EVI和LSWI在6月份迅速上升，到10月份分别降至0.2和0.0。中国荆州水稻站点，5月中下旬水田灌水，并开始种植水稻。EVI在6月中旬快速上升，与GPP_{EC}的快速上升相对应(图3.9 JZ)。到9月中旬，EVI和LSWI分别降至0.2和0.1，与水稻收获情况相对应。

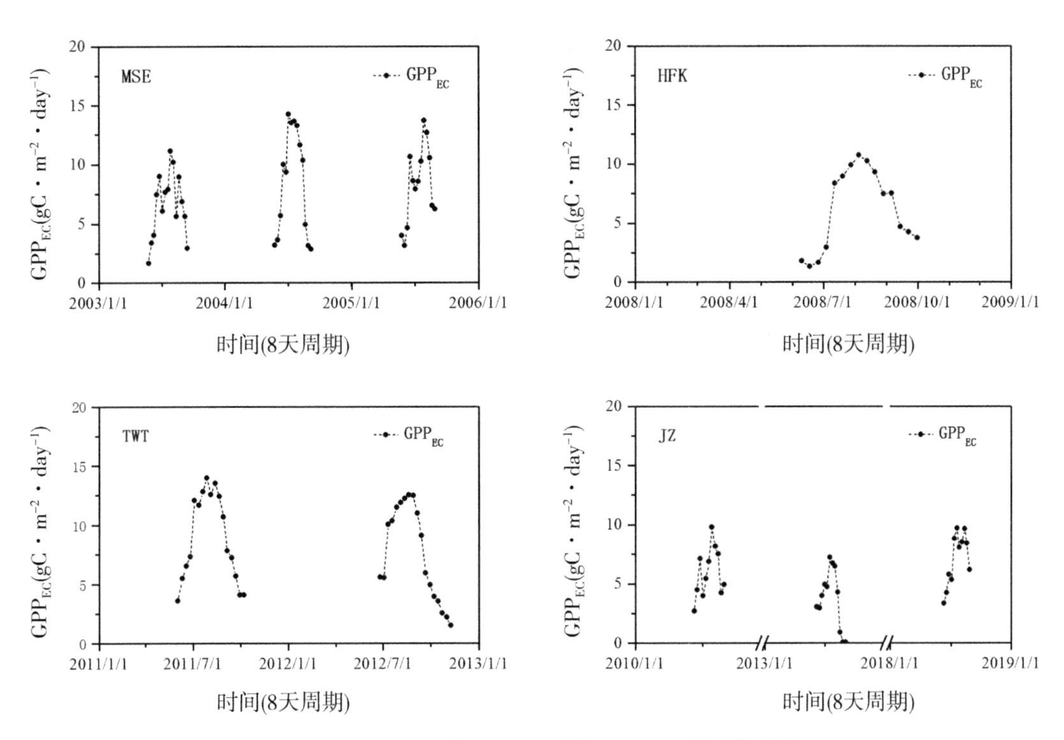

图 3.8　通量站点 GPP 观测值(GPP_{EC})的季节动态

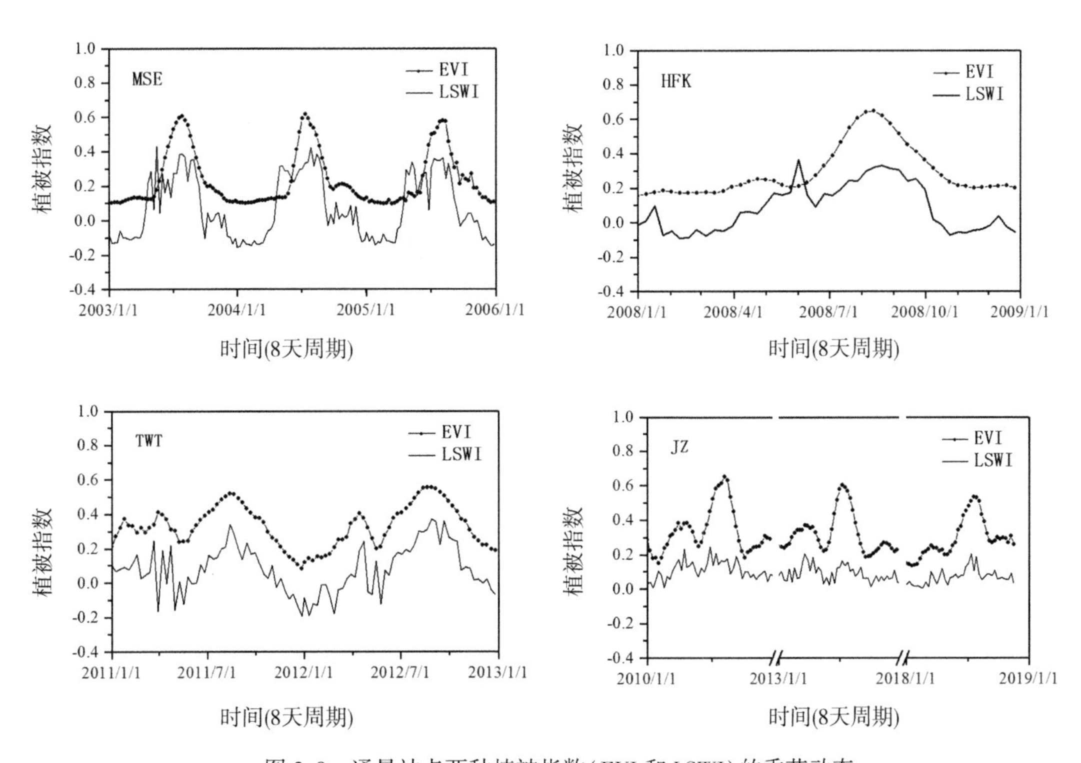

图 3.9　通量站点两种植被指数(EVI 和 LSWI)的季节动态

3.4.2 GPP_{EC}、植被指数与气温的相关性

1. GPP_{EC}与植被指数(EVI)的关系

图3.10展示了4个通量站点水稻生长季植被指数(EVI)与GPP_{EC}的关系。分析结果表明，GPP_{EC}与植被指数(EVI)具有较强的线性关系。日本Mase站点、韩国Haenam站点、美国Twitchell Island站点和中国荆州站点的R^2分别为0.69、0.81、0.59和0.66。

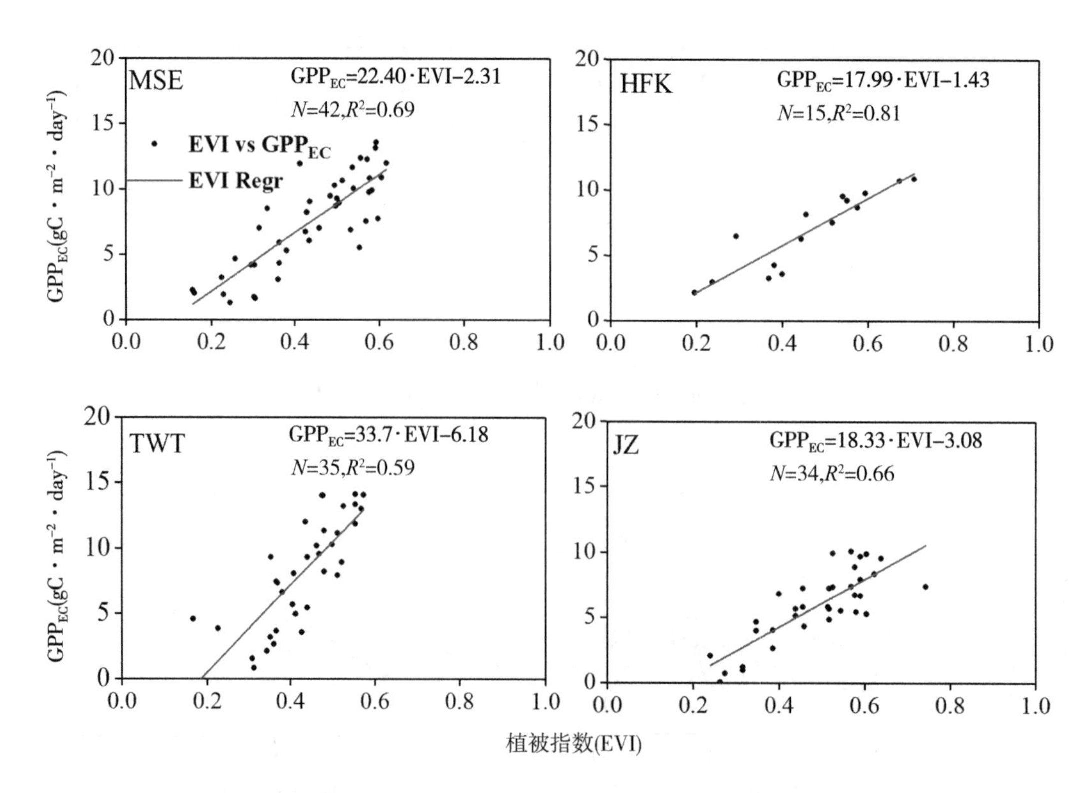

图3.10 水稻生长季植被指数(EVI)与通量站点GPP观测数据(GPP_{EC})之间的关系

2. GPP_{EC}与气温的关系

图3.11展示了水稻生长季GPP_{EC}与日平均气温的关系。在日本Mase、韩国Haenam、美国的Twitchell Island和中国荆州通量观测站点，GPP_{EC}随着温度的升高而升高，当温度分别达到20~25℃、25~30℃、18~23℃、25~30℃时，GPP_{EC}趋于稳定。在4个通量观测站点，通过水稻GPP_{EC}和日平均气温的分析，有助于4个站点水稻光合作用时的最适温度的分析与确定。

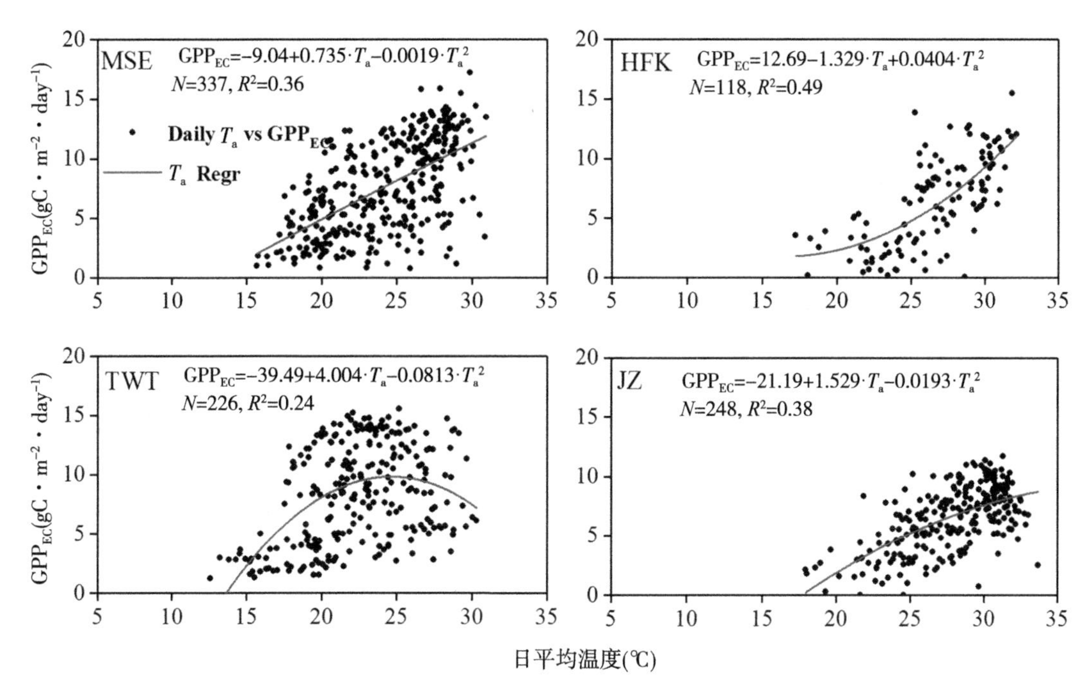

图 3.11　水稻生长季 4 个通量站点观测 GPP(GPP_{EC}) 与日均气温的关系

3. 植被指数(EVI)与气温的关系

图 3.12 显示了植被指数(EVI)与日平均气温的关系。在日本 Mase、韩国 Haenam、美国的 Twitchell Island 和中国荆州通量观测站点，EVI 随着气温的升高而升高，当温度分别在 20~25℃、25~30℃、18~23℃和 25~30℃时，EVI 值趋于稳定。在 4 个通量观测站点，针对植物生长期 GPP 和植被指数随日平均气温升高均趋于稳定这一点，植被指数-温度分析结果(图 3.12)与 GPP-温度分析结果(图 3.11) 的总体趋势是一致的。

4. 水稻生长季不同物候期内 GPP_{EC} 与温度、EVI 的关系分析

1) GPP_{EC} 与温度在水稻生长季不同物候期内的关系

图 3.13 显示了在水稻生长季不同物候期内 GPP_{EC} 与日平均气温的关系。在 Mase、Haenam、Twitchell Island 和荆州 4 个通量站点的 4 个不同物候期内，GPP_{EC} 与 T_a 的关系整体上保持一致。在返青-分蘖期，四个站点的 GPP_{EC} 整体上是随温度升高而升高的。日本 Mase 站点 2003 年和 2005 年开始阶段趋势相对平稳，然后随着温度的升高 GPP_{EC} 迅速升高，日本 Mase 站点在 2004 年变化不是十分明显，一直处于平稳期；在韩国 Haenam 站点，2008 年 GPP_{EC} 开始时趋势相对平稳，随后随着温度的升高而迅速升高；美国 Twitchell

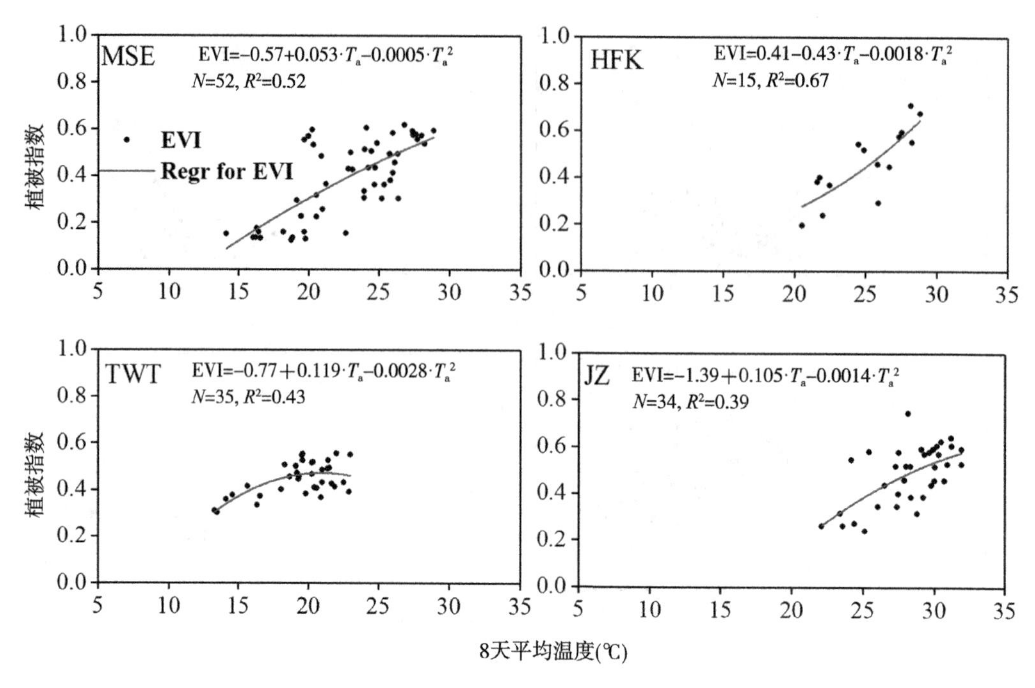

图 3.12　水稻生长季 4 个通量站点观测 GPP(GPP_{EC})与植被指数(EVI)的关系

Island 站点 2011 年 GPP_{EC}随着温度升高平稳上升，2012 年年初 GPP_{EC}随着温度有一个下降的趋势，随后随着温度的升高 GPP_{EC}迅速升高，可能是由于 2012 年美国 Twitchell Island 站点在返青-分蘖阶段雨量较多；荆州站点 2010 年和 2013 年 GPP_{EC}随着温度的升高逐渐增加，2018 年 GPP_{EC}随着温度升高有一个短暂的下降阶段然后快速上升。在分蘖-穗始分化期，整体上 GPP_{EC}也是随着温度的升高而升高(Twitchell Island 站点略微不同)，但会达到一个高峰值。日本 Mase 站点在 2003—2005 年、韩国 Haenam 站点在 2008 年，以及中国荆州站点在 2010 年和 2013 年，GPP_{EC}随着温度的升高而增加，但是在温度达到一定值时，GPP_{EC}达到一个高峰值，然后保持平稳；美国 Twitchell Island 站点在 2011 年和 2012 年，GPP_{EC}随着温度的升高而升高，达到一个峰值，然后随着温度的升高 GPP_{EC}呈下降趋势，呈现一个开口向下的“抛物线”形状。在穗始分化-抽穗期，整体上 GPP_{EC}是随着温度的升高而升高，但是随着温度的升高 GPP_{EC}增加的速度在降低，最后达到一个峰值或者下降趋势。此阶段和分蘖-穗始分化期 GPP_{EC}都是随着温度的升高而增大，但是此阶段 GPP_{EC}值整体高于分蘖-穗始分化期，与水稻在该物候期内的生理特性保持一致。在抽穗-成熟期，GPP_{EC}随着温度的降低而迅速下降，符合水稻成熟阶段的生物物理特性。

在日本、韩国、美国和中国 4 个通量站点，根据对水稻生长季 4 个物候期内水稻 GPP_{EC}和日平均空气温度的分析，GPP_{EC}和温度的关系具有差异性，以每个物候期内的平

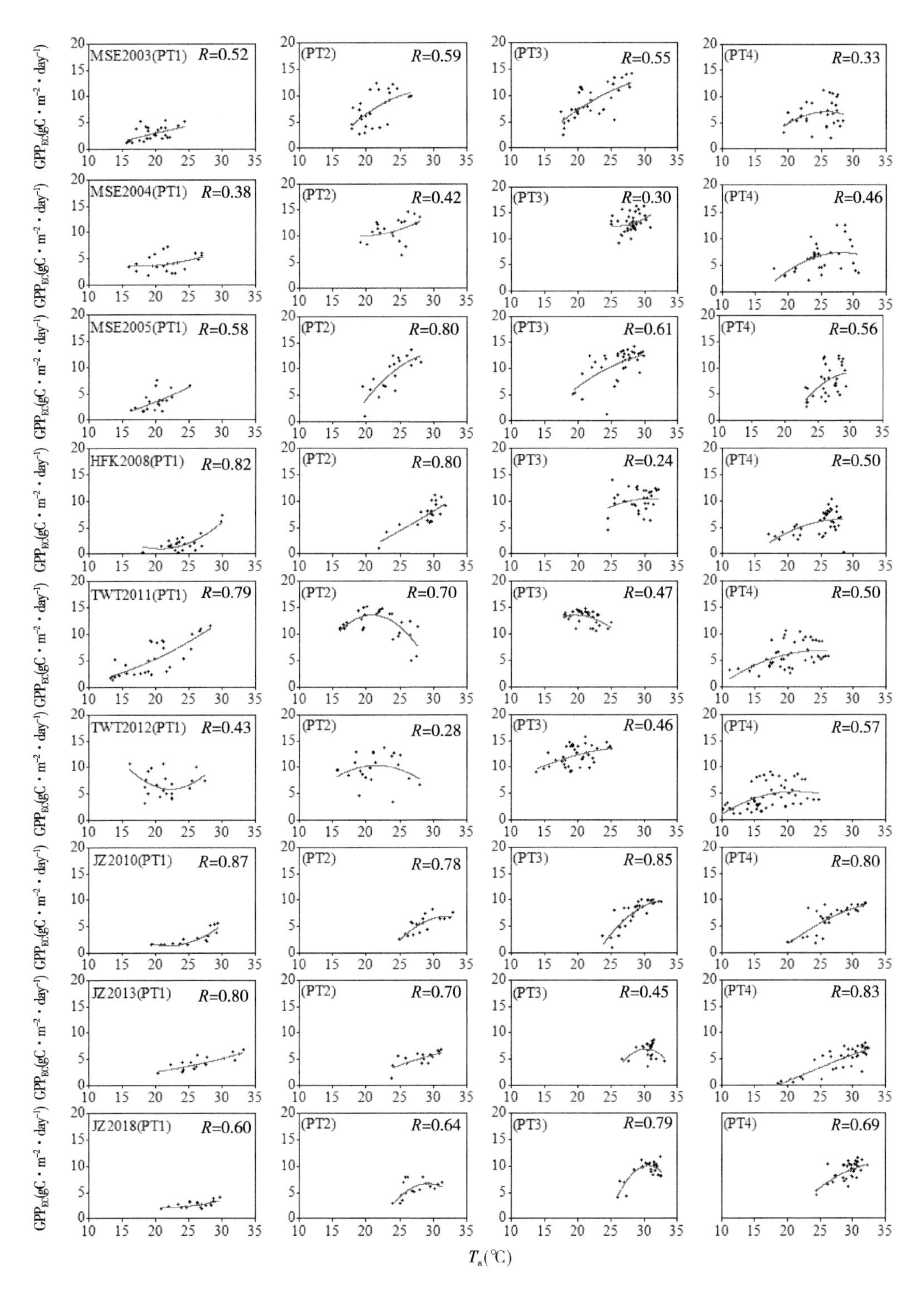

图 3.13　4 个站点水稻生长季物候期内通量观测 GPP（GPP_{EC}）与日均气温(T_a)之间的关系

（注：PT1、PT2、PT3 和 PT4 分别表示水稻的 4 个典型物候期。）

均气温（T_{popt}）作为物候期内的最适温度。4 个站点在 4 个不同物候期内的最适温度（T_{popt}）与原 VPM 中所定义的最适温度（T_{opt}）有很大不同（日本 Mase 站点最适温度为 20℃，韩国 Haenam 站点最适温度为 25℃，美国 Twitchell Island 站点最适温度为 18℃）。说明这与水稻的物候特征和水稻对当地热环境的适应有关，因此，本书将 4 个通量观测站点水稻生长季以不同生长阶段的物候生育期划分来定义最适温度，与图 3.13 显示的 GPP 达到稳定时的最适温度基本保持一致。

2）GPP_{EC}与植被指数（EVI）在水稻生长季不同物候期内的关系

图 3.14 展示了 GPP_{EC}与植被指数（EVI）在通量观测站点水稻生长季的 4 个不同物候期内的关系（因为韩国站点只有一年通量观测数据，EVI 又是 8 天的数据，该站点整体数据量太少故没有统计）。二次多项式回归分析结果表明：GPP_{EC}与 EVI 具有一定的相关性。在 4 个通量观测站点水稻生长季的各物候期内，GPP_{EC}随 EVI 的变化趋势基本一致。在返青-分蘖期，日本 Mase 站点和荆州站点，随着 EVI 的增加 GPP_{EC} 也随之增大，美国 Twitchell Island 站点，刚开始随着 EVI 的增加 GPP_{EC}减小，随后随着 EVI 的增加，GPP_{EC}在增大，可能是由于美国 Twitchell Island 站点 2012 年雨量较多。在分蘖-穗始分化期，随着 EVI 的增加，GPP_{EC}有一个先下降后上升的过程。在穗始分化-抽穗期，随着 EVI 的增加，GPP_{EC}先增加，然后达到顶峰，随后减小，这与相关研究中表明的水稻在穗始分化-抽穗期，EVI 达到生长季的最大值，光合作用也处于最强阶段的结论一致（Busetto et al.，

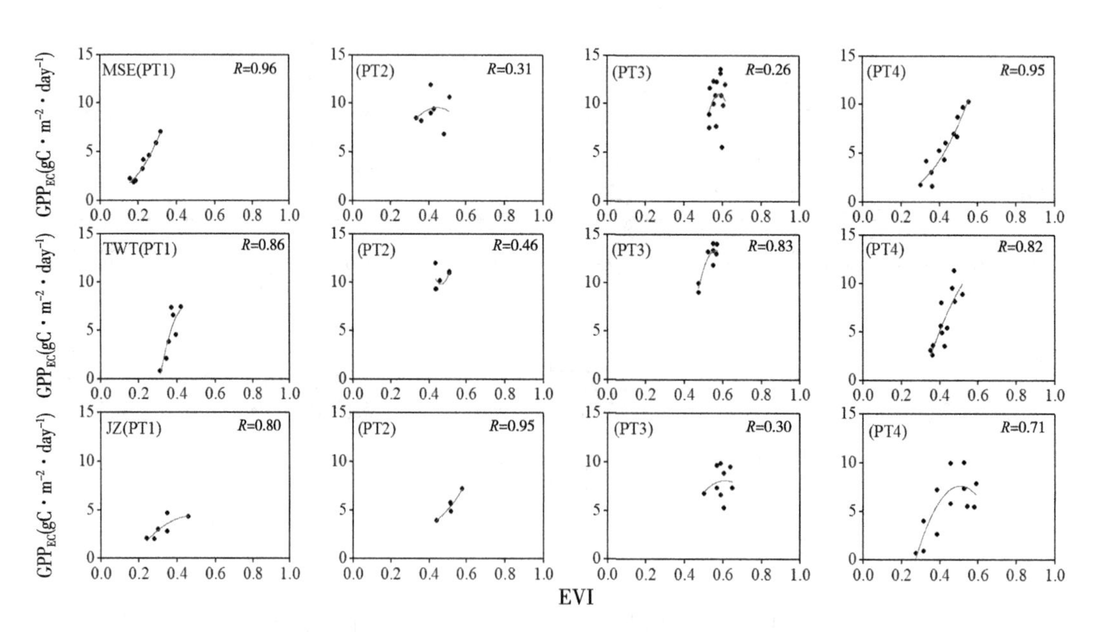

图 3.14　4 个站点水稻生长季不同物候期内通量观测 GPP（GPP_{EC}）与 EVI 之间的关系

（注：PT1、PT2、PT3 和 PT4 分别表示水稻 4 个典型物候期。）

2019)。在抽穗-成熟期，随着 EVI 的减小，GPP_{EC}也在迅速减小，与成熟期水稻叶绿素减少，光合作用减弱导致 GPP 减小的结论相一致。

3.4.3 GPP_{EC}、GPP_{PVPM}、GPP_{VPM}与 $GPP_{MOD17A2H}$的比较

1. PVPM 模拟的 GPP_{PVPM}、原 VPM 模拟的 GPP_{VPM}、通量观测站点 GPP_{EC}和 MODIS 产品 $GPP_{MOD17A2H}$的对比分析

大量的光能利用率模型已经被用于估算陆地生态系统的 GPP(Brogaard et al., 2005; Flanagan et al., 2015; He et al., 2013; Ma et al., 2014; Wang et al., 2009; Wu et al., 2012)。MODIS 陆地科学团队已经开发了 PSN 模型，并将其应用于生成全球 GPP 数据产品，即 Terra/MODIS 总初级生产力(GPP)产品(MOD17A2H)，该产品为 8 天合成，500m 空间分辨率(Cui et al., 2016; Park et al., 2016; Zhu et al., 2018; 夏钰，2017)。MOD17A2H 产品已广泛应用于森林、草原和农作物的研究中(Cui et al., 2016; Fu et al., 2017; Tagesson et al., 2017; Wu et al., 2018; Zhu et al., 2018)。最近一些研究表明，

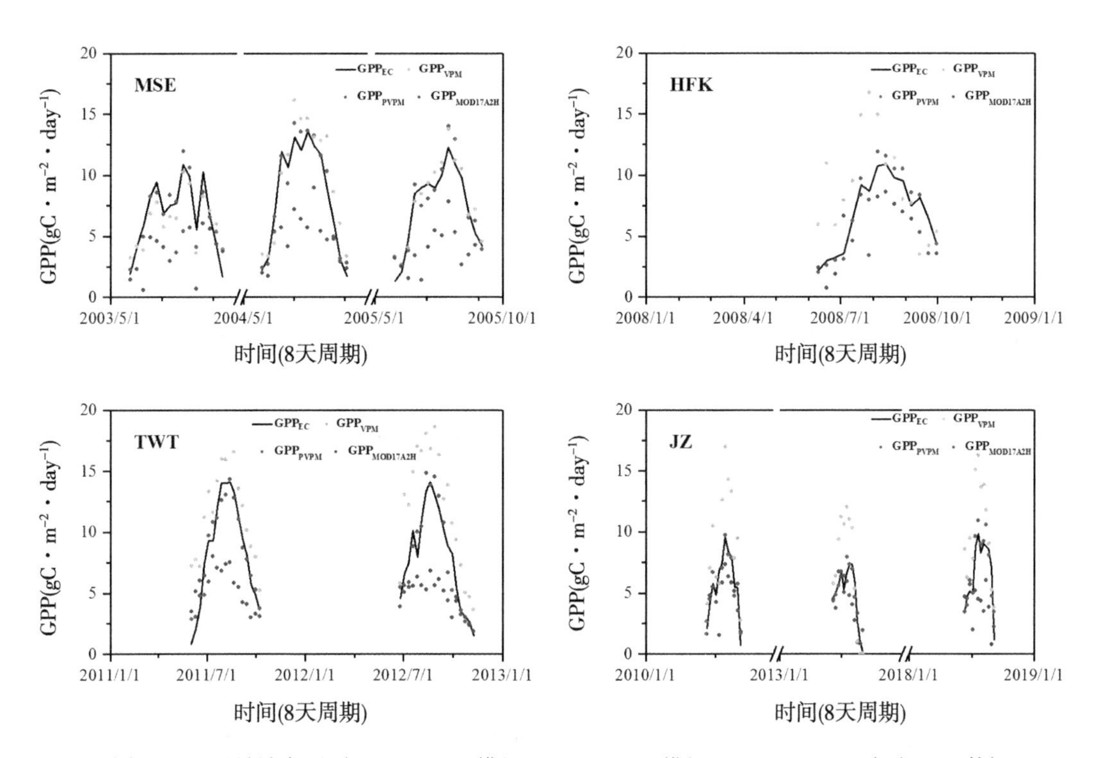

图 3.15　通量站点观测 GPP、VPM 模拟 GPP、PVPM 模拟 GPP 和 MODIS 全球 GPP 数据产品的比较(GPP_{EC}、GPP_{VPM}、GPP_{PVPM}和 $GPP_{MOD17A2H}$)

MOD17A2H 产品的 GPP 存在低估现象(Fu et al., 2017; Tagesson et al., 2017; Wang et al., 2017)。图 3.15 展示了 GPP_{EC}、GPP_{VPM}、GPP_{PVPM}和 $GPP_{MOD17A2H}$在 4 个通量观测站点的趋势对比。在 4 个通量观测站点，$GPP_{MOD17A2H}$的值比 GPP_{EC}、GPP_{VPM}和 GPP_{PVPM}值明显偏低。其主要原因可能是：气象数据；模型中的最大光能利用率参数。首先，众所周知，气候数据决定了生态系统生产力的季节性，并直接导致了 GPP 的不确定性。MOD17A2H 产品中使用的是全球大气再分析资料数据，空间分辨率为 0.5°(纬度)×0.67°(经度)，它所采用的气象数据密度可能不够大，在区域尺度上气象数据较少，可能导致 GPP 结果存在一定的误差。其次，光能利用率参数是 LUE 模型中的一个关键参数。ε_0 通常在不同模型和生物群落类型中有很大的变化差异。在 MOD17A2H 数据集中，PSN 模型使用 0.22gC/mol PPFD (1.004gC/MJ)作为农田的 ε_0 参数。$GPP_{MOD17A2}$和 GPP_{EC}之间的比较表明，使用 MOD17A2H 产品对区域尺度的水稻 GPP 的评估时需要更加谨慎，同时也需在其他通量观测站点对 MOD17A2H 产品进行验证评估，并且需要更多年份的 GPP_{EC}数据来对 $GPP_{MOD17A2}$、GPP_{VPM}和 GPP_{PVPM}进行更全面的比较。

在早期的水稻 GPP 研究中，Xin 等(2020)基于 VPM 对通量观测站点的水稻 GPP 进行模拟与验证，ε_0 参数值设置为 0.6gC/mol PPFD。在日本、韩国、美国和中国 4 个通量观测站，基于 VPM，利用 Xin 中的 ε_0 参数值对水稻 GPP 进行模拟。VPM 能较好地表达 4 个水稻种植区 GPP 的季节动态和年际变化，模拟精度高于 $GPP_{MOD17A2H}$。研究结果表明，在 4 个通量观测(9 个站点年)GPP_{VPM}的季节动态与 GPP_{EC}有较好的一致性(图 3.16)，但是在韩国的 Haenam 站点(2008 年)、美国的 Twitchell Island 站点(2011—2012 年)和中国的荆州站点(2010 年，2013 年和 2018 年)的结果表现偏高。GPP_{VPM}的适度高估可能是由于在整个水稻生长季中，对最优温度和最大 LUE 参数的设置不够合理。

相关研究表明，最大 LUE 值在陆地生态系统中随着植被类型的不同而变化，在同一生态系统类型的不同区域之间也发生变化(Xiao et al., 2011a)，并且甚至同一个生长季的不同生长阶段也有很大的不同(Bouman et al., 2006; Inoue et al., 2008; Xue et al., 2016)。在菲律宾、意大利和美国进行的两项原位研究中，估算了水稻产量的最大光能利用效率，得到的最大光能利用效率参数变化范围为 0.437~1.094gC/mol PPFD(2~5gC/MJ)(Campbell et al., 2001; Kiniry et al., 2001a)。另一个以前的研究也使用了 LUE 模型估算意大利的水稻产量(Bocchi, 2011)，ε_0 参数值设置为 0.635gC/mol PPFD (2.9gC/MJ)。在上述研究中，农田最大光能利用率 ε_0 参数的使用范围很大。同时，其他的已有研究对水稻的最大光能利用率进行了估算，结果表明不同生育期水稻的最大光能利用率是不同的(Bouman et al., 2006; Inoue et al., 2008; Xue et al., 2016)。因此，应该根据当地气候和水稻的生理特征将水稻生长季节划分为典型物候期，通过分析 NEE 和 PAR 数据来计算

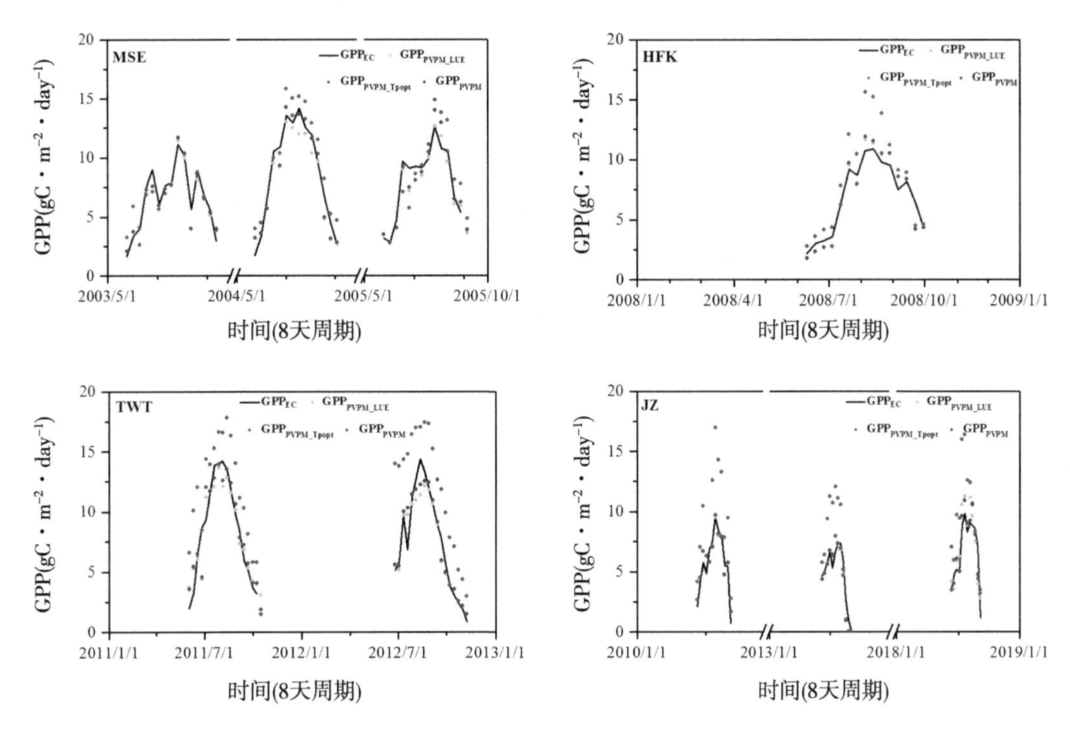

图 3.16　只改进最大光能利用率、只改进最适温度和同时改进两个参数条件下 VPM 模拟 GPP 的结果对比

每个物候期的最适温度和最大光能利用率。本研究结果表明，改进后的 GPP_{PVPM}的精度优于 GPP_{VPM}。

2. 不同改进方式下 VPM 模拟对比

进一步地，在只改进最大光能利用率的 VPM，只改进最适温度的 VPM，以及同时改进最大光能利用率和最适温度的 VPM 的几种情况下，对 GPP 估算的精度进行对比。在只改进光能利用率情况下，模拟结果 GPP_{PVPM_LUE} 与 GPP_{VPM}、GPP_{EC} 对比分析表明，GPP_{PVPM_LUE}可以有效地改善原 VPM 中高估的现象(见图 3.16)。只改进最适温度情况下，模拟结果 GPP_{PVPM_Tpopt}与 GPP_{VPM}、GPP_{EC}对比分析表明，GPP_{PVPM_Tpopt}的改进结果变化较小；虽然改进变化较小，但是基于水稻的生理物候特征，分物候期优化最适温度，是具有生理意义的。在同时改进光能利用率和最适温度情况下，模拟结果 GPP_{PVPM}与 GPP_{VPM}、GPP_{EC}对比分析表明，GPP_{PVPM}相对于 GPP_{VPM}有较大的改进，相比 GPP_{VPM}精度有很大的提高。

3.4.4　PVPM 在水稻 GPP 模拟中的不确定性与误差来源

研究结果表明，GPP_{PVPM}的季节变化规律与 4 个通量观测站点的 GPP_{EC}(图 3.15 和图

3.16）相当一致（9 个站点年），但是 PVPM 模拟依然存在一定的误差，在韩国的 Haenam 站点（2008 年）、美国的 Twitchell Island 站点（2012 年）和中国的荆州站点（2018 年）产生了一定的高估。美国 Twitchell Island 站点，GPP_{PVPM}的高估可以部分解释为品种的差异和天气原因（2012 年该站点的水稻种植比往年推迟了一个月）。

还有其他的一些与 PVPM 模拟相关的误差来源。首先是 PAR 等气候数据集的不确定性（Cai et al.，2014；Chen et al.，2014a；He et al.，2014；Ren et al.，2013）。然后，由于不同光谱波段计算出来的时间序列植被指数的不确定性，遥感光谱信息受几何形变、云、云阴影及其他大气条件的影响，如气溶胶等。如何对植被指数时间序列数据进行插值填充和数据重构一直是一个备受关注的研究领域。另外，通量观测站点 GPP_{EC}的估计误差也是可能的误差来源之一。GPP_{EC}的估计是根据测量的 NEE 值与水稻呼吸之间的差值来计算的，对这 4 个站点的 GPP_{EC}计算的过程中个别参数有所差异，这可能会给 GPP_{PVPM}与 GPP_{EC}的比较带来一定的不确定性。

3.5　本章小结

本章详细地描述了基于农田水稻物候的 VPM 改进的方法；农田水稻物候期的遥感识别；分析了 4 个通量观测站点的温度、PAR、植被指数（EVI、LSWI）和 GPP_{EC}的季节动态；分析了 GPP_{EC}、植被指数（EVI）与气温的相关性，以及植被指数（EVI）与气温的相关性；基于 PVPM 模型的水稻 GPP 模拟与精度评价。并对以下内容进行了讨论分析：在水稻生长季不同物候期内 GPP_{EC}与温度、EVI 的关系分析；GPP_{EC}、GPP_{PVPM}、GPP_{VPM}与 $GPP_{MOD17A2H}$的比较（PVPM 模拟的 GPP、VPM 模拟的 GPP、通量观测站点观测的 GPP 和 MODIS 产品数据 GPP 的对比分析；只改进最大光能利用率、只改进最适温度和同时改进两个参数下 VPM 模拟对比）；PVPM 在水稻 GPP 模拟中的不确定性与误差来源。

第4章　基于优化模型的江汉平原农田水稻GPP估算

区域模式模型的发展对陆地生态系统碳循环的时空动态形成机制的认识和对陆地生态系统碳收支的准确估算提供了数据参考(Madugundu et al.，2017b)。基于PVPM和遥感数据估算的GPP可以成为农田生产力监测评估的一个重要指标。江汉平原地处长江中游，是长江经济带发展的重要区域，是我国重要的粮食主产区之一，但江汉平原农田水稻生产力的监测评估还缺乏深入研究。该平原是水田旱地共作地区，亦兼有二熟区、三熟区，开展对江汉平原农田水稻GPP估算研究是十分必要的。

本章在江汉平原农田水稻分类遥感信息提取研究的基础上，基于PVPM估算江汉平原农田水稻GPP。

4.1　研究区概况及数据预处理

4.1.1　江汉平原概况

江汉平原地处长江中游地区的湖北省中南部，位于武汉城市圈和鄂西生态旅游圈相接地带，处于武汉、襄阳和宜昌三大中心城市的辐射发展区域。由汉江和长江冲积而成，地势平坦，湖泊星罗棋布。江汉平原主要包括应城市、汉川市、洪湖市、监利县、石首市、江陵县、松滋市、公安县、沙市区、荆州区、枝江市、天门市、仙桃市、潜江市等14个行政区(王宏志等，2011)，至2017年年末常住人口1117.17万人，国土面积约25285平方千米，国内生产总值4447.59亿元。江汉平原是中国重要的“鱼米之乡”，2017年年末常用耕地面积997.415千公顷，其中水田648.262千公顷，旱地349.163千公顷；主要包括鄂豫皖丘陵平原水田旱地两熟兼早三熟区、沿江平原丘陵水田旱地三熟两熟区和两湖平原丘陵水田中三熟二熟区3种农业种植区划；粮食作物主要以水稻、小麦、玉米和大豆为主，经济作物主要以棉花、花生、油菜籽、芝麻为主，是湖北省重要的粮食生产基地(图4.1)。

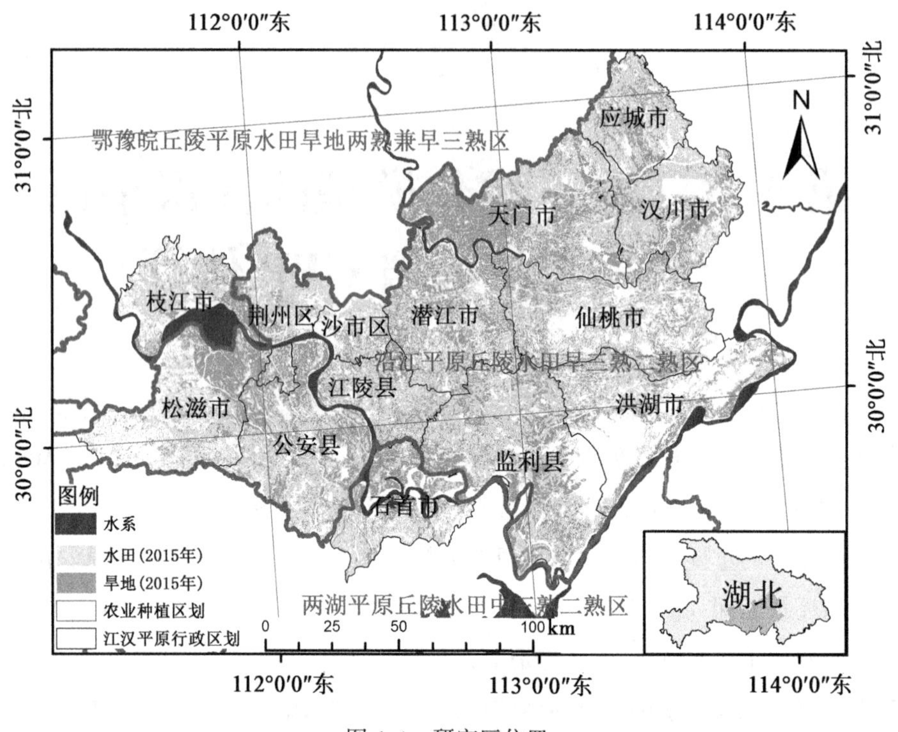

图 4.1　研究区位置

4.1.2　气象数据

气象数据来源于中国气象科学数据共享服务网(http：//data. cma. cn/)和湖北省气象局，包括研究区内部及周边地区的 42 个气象站点的 2000—2017 年的日平均气温和日总日照时数。气象站点位置分布图如图 4.2 所示。以研究区内 DEM 高程数据作为辅助数据，利用气象插值软件 Anusplin4.3 对气象要素进行插值。

4.1.3　土地利用数据

2000 年、2005 年、2010 年、2015 年 4 期 1∶10 万土地利用现状分类矢量数据如图 4.3 所示(李仁东等，2003a；李仁东等，2003b；刘纪远等，2014)。土地利用数据采用中国科学院资源环境数据库技术标准分类等级：一级 6 类(耕地、水域、草地、林地、建设用地、未利用土地)和二级 25 类。2000 年、2005 年和 2010 年数据生产制作是以各期 Landsat TM/ETM 遥感影像为主要数据源，2015 年 1∶10 万比例尺土地利用现状遥感监测数据库数据集更新是在 2010 年数据的基础上，基于 Landsat 8 遥感影像，通过人工目视解译生成。利用手持 GPS 野外采样点数据进行分类精度评价，一级地类数据精度达到中国

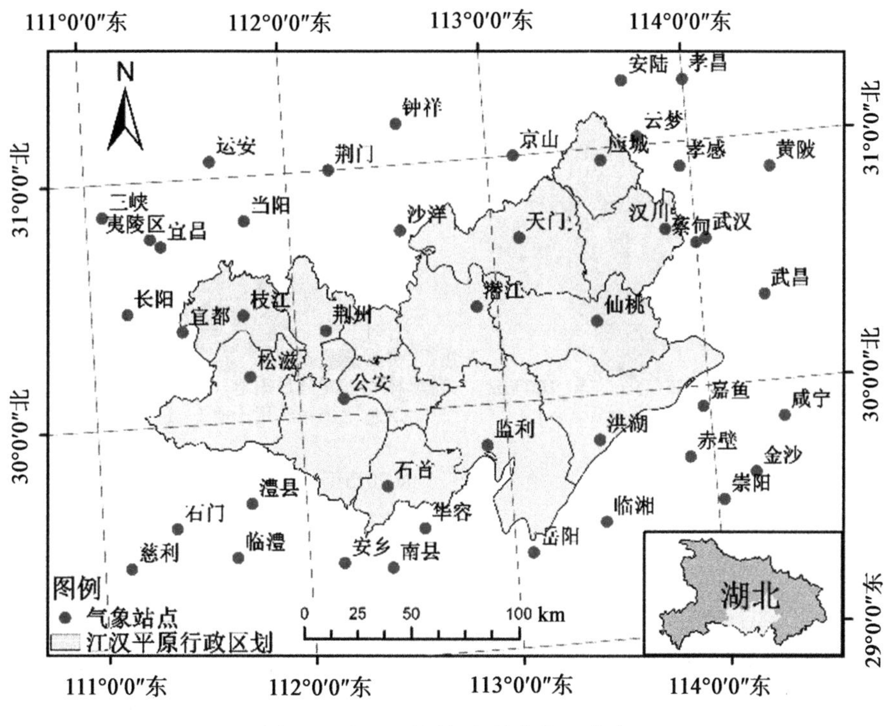

图 4.2　江汉平原气象站点位置分布

科学院资源环境数据库技术标准分类的要求。

4.1.4　其他辅助数据

1. 江汉平原的县级行政区划矢量数据

数据编码执行国家标准 GB/T 2260—2002《中华人民共和国行政区划代码》，来源于国家基础地理信息中心（http：//ngcc.sbsm.gov.cn/）。

2. 中国气象台站记录的农作物生长发育期数据

数据主要用于江汉平原农田水稻作物的物候遥感识别的对比验证分析，来源于国家气象信息中心（https：//data.cma.cn/）。

3. 2000—2017 年湖北省农村统计年鉴数据

数据主要用于江汉平原 GPP 模拟结果的验证，来源于湖北省统计局（http：//tjj.hubei.gov.cn/）。

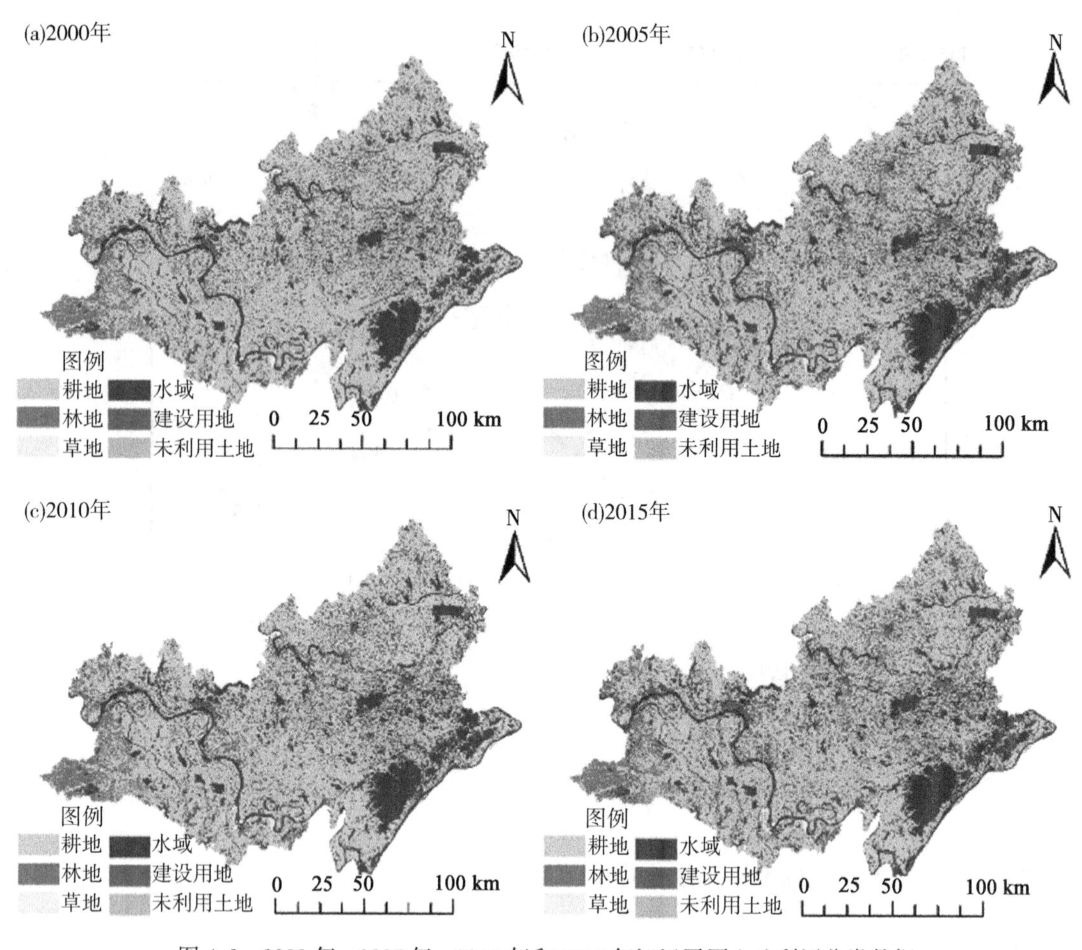

图 4.3　2000 年、2005 年、2010 年和 2015 年江汉平原土地利用分类数据

4. DEM 数字高程数据

数据空间分辨率为 30m，主要用于气象数据插值，来源于地理空间数据云(http：//www. gscloud. cn/)。

4.2　江汉平原水稻分类遥感信息提取

4.2.1　水稻分类信息提取的依据

水稻移栽前，稻田需要进行灌水以便于插秧和保证水稻的正常生长。灌水期会一直持续到水稻成熟期，大概是水稻收获的前一周，在这段时间内水稻田的土壤湿度达到或者接近饱和，是水稻与其他作物植被最大的区别，因此可以通过识别稻田中水的特征来提取水稻种植面积信息。水稻在移栽后生长速度很快，50~60天后水稻的冠层基本覆盖了下层的土壤背景。对于MODIS数据，水稻冠层一旦覆盖了地表土壤，土壤湿度就无法被识别出来，水稻的光谱信息和其他农田植被的光谱信息的差异性减小，因此水稻田在灌水和移栽期具有高土壤湿度的特征对水稻的识别尤为重要。对典型样本试验点的试验表明：单季稻和早稻灌水移栽期的高土壤湿度可以表现在3~5个8天的合成影像中；而晚稻由于移栽期及生长季的温度相对较高，水稻生长速度较快，冠层很快就可以覆盖下层土壤，因此，仅表现在2~3个8期的合成影像中。对于其他干扰因素(永久性水体和非水稻种植区)，可以根据地物光谱信息(EVI和LSWI指数)随时间的变化表现出来的差异特征进行识别，利用移栽期后的遥感影像进行剔除处理，这就是利用MODIS数据识别水稻种植区算法的主要理论依据。

4.2.2 植被指数的选择与重构

常用的监测植被生长的植被指数有归一化植被指数(NDVI)、增强型植被指数(EVI)和叶面积指数(LAI)等。增强型植被指数(EVI)可以消除残留的大气污染和土壤背景对植被指数的影响，与其他植被指数(NDVI等)相比，EVI对气溶胶和土壤背景的影响更不敏感，并且在植被覆盖度很高的地区更不容易饱和(Lingbo et al.，2010)。因此，本研究选择EVI作为识别水稻信息的植被指数。

尽管8天合成的MODIS地表反射率数据经过预处理，最大限度地降低了云、云阴影、气溶胶等噪声对图像质量的影响，然而经处理后的影像仍然存在局部噪声和空值的影响。为了进一步降低云的影响，本研究采用S-G滤波方法平滑时间序列曲线，提高了EVI时间序列所表达的真实性。典型单双季稻的原始EVI、滤波后的EVI和LSWI时间序列趋势如图4.4所示，其中，黑色曲线为没经过滤波的原始时间序列EVI，红色为经过滤波的时间序列EVI，蓝色为时间序列LSWI。

4.2.3 江汉平原水稻物候

根据2000—2017年江汉平原农业气象观测数据可知水稻生长发育的时间分布特征，单季稻一般在5月下旬—6月上旬进行灌水移栽，7月底—8月初是水稻生长最旺盛时期，9月上旬进入成熟收割期；双季早稻在4月下旬—5月上旬进行灌水移栽，6月下旬进入生长最旺盛时期，7月下旬成熟收割；双季晚稻一般在7月底进行灌水移栽，9月中旬进入生长最旺盛时期，10月中下旬成熟收割。

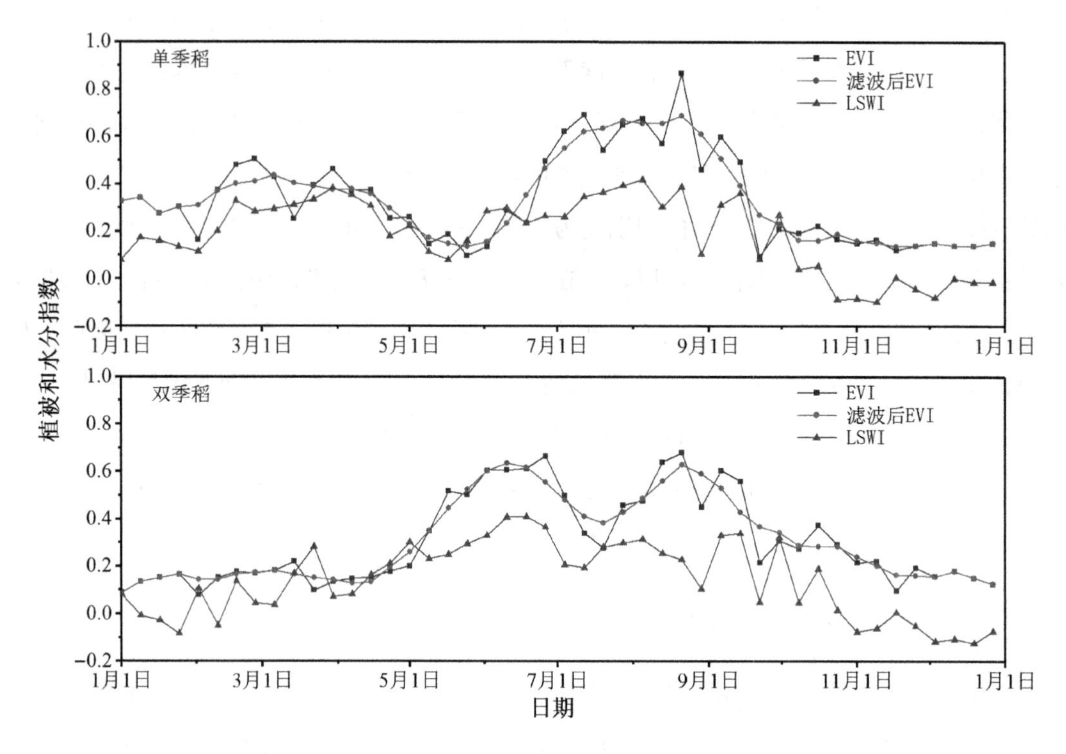

图 4.4　典型单双季稻的原始 EVI、滤波后的 EVI 和 LSWI 时间序列趋势

4.2.4　样本点选择

基于实地调查样本点和高分辨率的 Google Earth 卫星数据挑选水稻样本点，单季稻样本点 319 个，双季稻样本点 290 个。单双季水稻样本点分布如图 4.5 所示。

4.2.5　MODIS 数据提取单双季水稻的算法

江汉平原单季稻(中稻)的灌水移栽期大概在 5 月下旬—6 月上旬，因此可以选择这一时期作为识别中稻的时间窗口。江汉平原早稻的灌水移栽期在 4 月下旬—5 月上旬，选择这段时间作为识别早稻的时间窗口。江汉平原晚稻的灌水移栽期在 7 月底—8 月初，选择这段时间作为识别晚稻的时间窗口。

根据单季稻样本点在灌水移栽期的 EVI 和 LSWI 的统计结果(图 4.6(a))，建立单季稻的判别准则：LSWI+0.1≥EVI、EVI≤0.32、LSWI>0.07。利用该准则提取江汉平原的中稻，中稻的分布范围即单季稻的范围。

根据双季稻样本点在早稻灌水移栽期的 EVI 和 LSWI 的统计结果(图 4.6(b))，建立判别早稻的准则为：LSWI+0.1≥EVI、EVI≤0.26、LSWI≥0.07，利用该准则提取江汉平

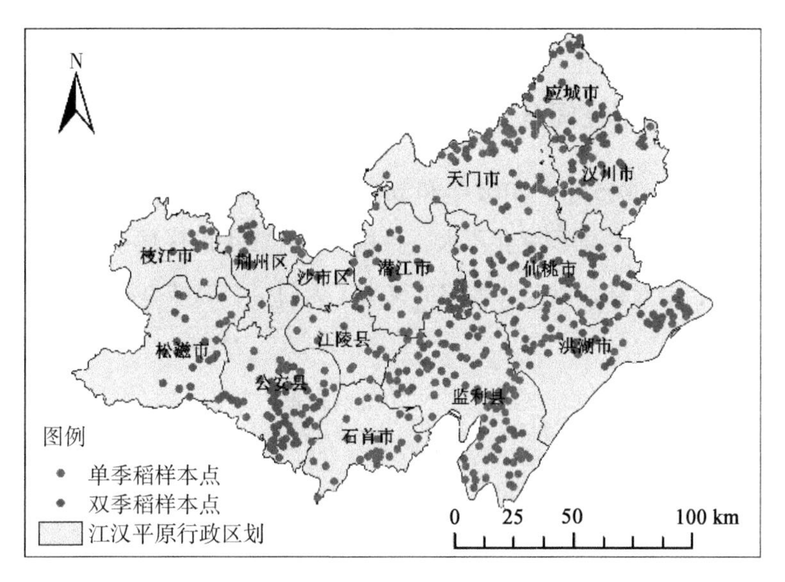

图 4.5 江汉平原水稻野外调查样本点分布

原的早稻。

根据双季稻样本点在灌水移栽期的 EVI 和 LSWI 的统计结果(图 4.6(c)),建立判别晚稻的准则为:LSWI+0.17≥EVI、EVI≤0.35、LSWI≥0.07,利用该准则提取江汉平原的晚稻。

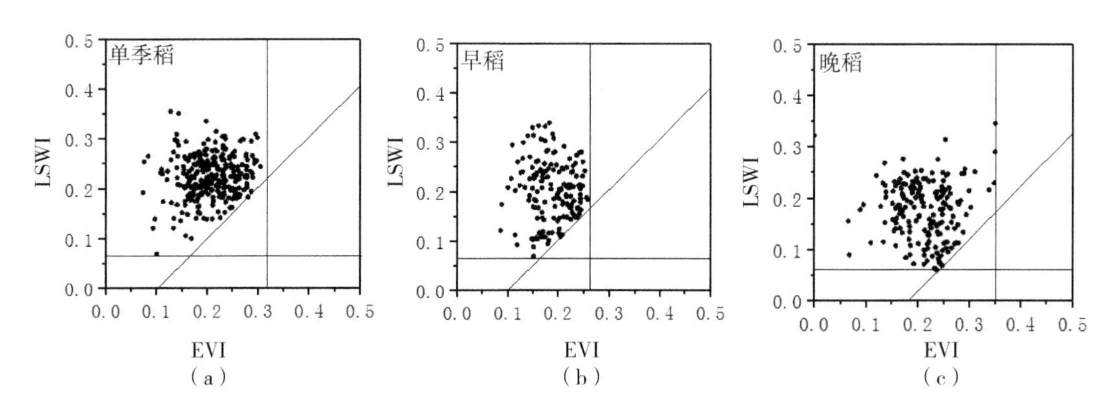

图 4.6 江汉平原水稻在灌水移栽期的 EVI 和 LSWI 的分布特征

水稻像元在不受云、云阴影等干扰的情况下,在移栽期后的第 4~9 个 8 天内水稻经历分蘖期、拔节期、孕穗期和抽穗期,EVI 会迅速地升高直到最大值(一般最大值在 0.7 左右)。通常情况下,永久性水体在全年的 EVI 时间序列数值都不会超过 0.4。因此,在单双季水稻提取结果的基础上，利用“移栽期后第 4~9 个 8 天的 EVI 值”，剔除永久性水体像元。

4.2.6　单双季水稻空间分布提取结果

江汉平原 2000 年、2005 年、2010 年和 2016 年的单季稻空间分布如图 4.7 所示。整体上看，2000—2016 年单季稻面积变化不大，种植面积比较大的区域主要位于江汉平原南部的监利县、洪湖县、公安县，以及北部的仙桃市、天门市、应城市和汉川市。

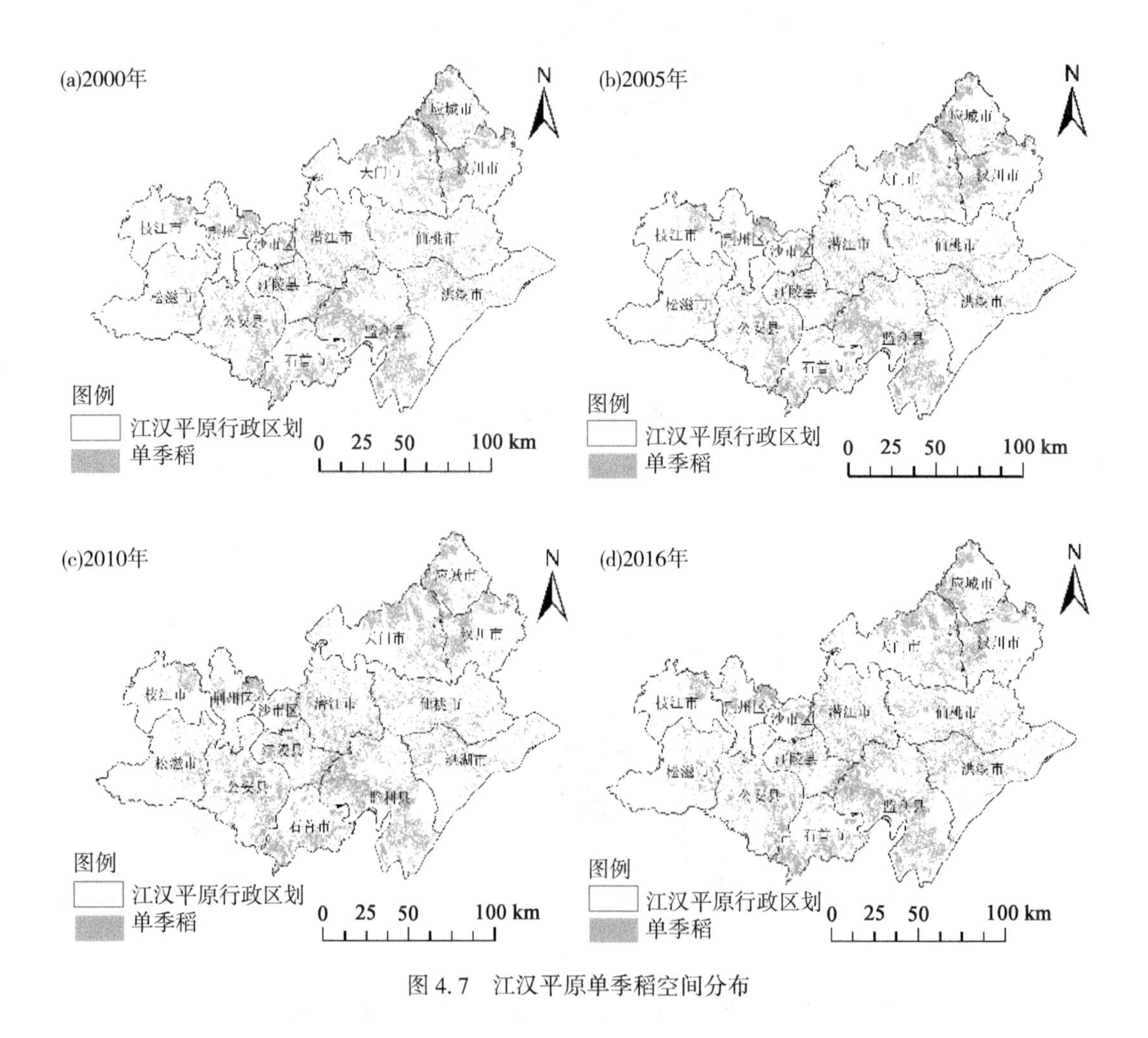

图 4.7　江汉平原单季稻空间分布

江汉平原 2000 年、2005 年、2010 年和 2016 年的双季稻空间分布如图 4.8 所示。整体上看，2000—2016 年双季稻种植面积变化不大，双季稻种植面积比较大的区域主要位于江汉平原南部地区的监利县、洪湖市、公安县、石首市和松滋市。

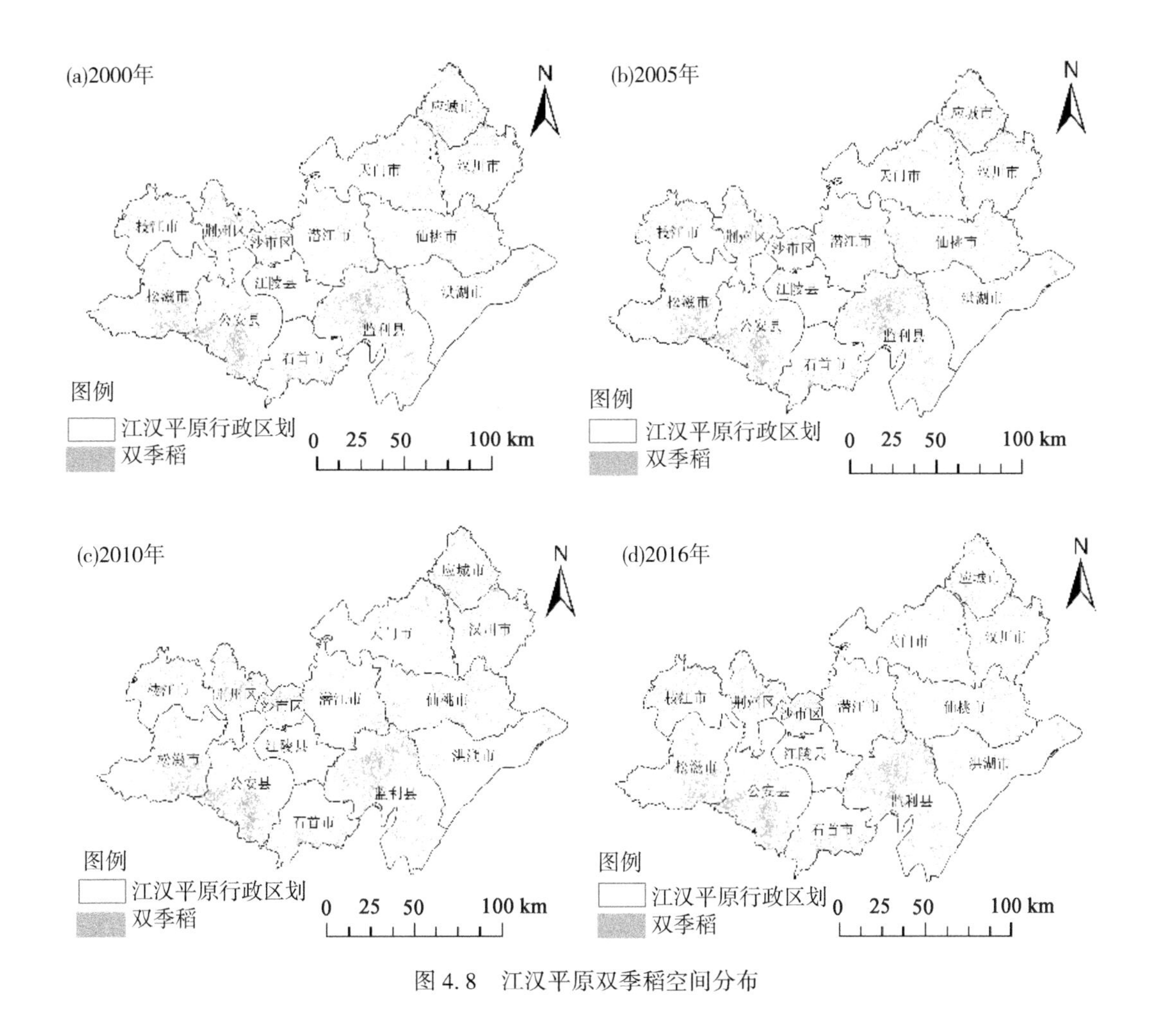

图 4.8　江汉平原双季稻空间分布

4.2.7　精度验证

1. 精度验证

整理 2000 年、2005 年、2010 年和 2016 年湖北省农业统计年鉴中单双季稻种植面积数据，对江汉平原水稻遥感分类提取进行精度验证(表 4.1)。

2. 样点精度验证

根据实地采样验证数据和 Google Earth 高分辨率目视解译采样验证数据，对 2000 年、2005 年、2010 年和 2016 年单双季稻遥感分类信息提取精度进行验证。验证结果表明：2000 年、2005 年、2010 年和 2016 年单季稻验证精度分别达到 82.4%、84.6%、83.2%和 86.9%；双季稻验证精度分别为 79.6%、83.3%、82.8%和 81.5%。

表 4.1　区域尺度的水稻提取精度验证

年份	单季稻			双季稻		
	MODIS 提取面积/千公顷	统计数据/千公顷	相对误差	MODIS 提取面积/千公顷	统计数据/千公顷	相对误差
2000	350.7	285.54	18.5%	105.5	119.41	-13.3%
2005	410.3	394.86	3.7%	102.3	96.42	5.9%
2010	408.6	433.84	-6.1%	109.5	102.66	6.4%
2016	412.2	429.54	-4.1%	103.7	119.84	15.5%

4.3　PVPM 参数估计

4.3.1　光合有效辐射(PAR)

光合有效辐射的计算公式如下：

$$PAR(x, t) = (SOL)(x, t) \times 0.45 \tag{4.1}$$

式中，(SOL)(x, t)为像元 x 在时间 t 的总太阳辐射值($MJ \cdot m^{-2} \cdot d^{-1}$)；0.45 为植被进行光合作用所能利用的太阳有效辐射与太阳总辐射的比例系数(Kiniry et al.，2001b)。

由于缺少直接观测的太阳辐射数据(梁益同等，2009；刘可群等，2008)，本节通过太阳辐射与日照时数来建立关系，从而获取 PAR 估算中所需的总太阳辐射值(童成立等，2005)。

1. 计算大气上空太阳辐射

根据童成立等(2005)的逐日太阳辐射模拟计算方法，计算逐日大气上界太阳辐射(H_0)，主要的输入参数是各个气象站点所处的纬度数据和对应的逐日日照时数，具体计算公式如下(左大康等，1963)：

$$H_0 = \frac{1}{\pi} \cdot G_{sc} \cdot E_0 \cdot (\cos\varphi \cdot \cos\delta \sin\omega_s + \omega_s \cdot \sin\varphi \cdot \sin\delta) \tag{4.2}$$

式中，H_0为大气上空太阳辐射，单位：$MJ \cdot m^{-2} \cdot d^{-1}$；$G_{sc}$为太阳常数，值一般为 $1367W \cdot m^{-2}$(或者相当于 $118.108MJ \cdot m^{-2} \cdot d^{-1}$)；$E_0$为地球轨道偏心率校正因子，其值与

年角(θ)有关；φ 为纬度；δ 为太阳赤纬(φ 和 δ 在公式中均采用弧度制)；ω_s为时角。

$$E_0 = 1.00011+0.03422\cos\theta+0.00128\sin\theta+0.000719\cos2\theta+0.000077\sin2\theta \quad (4.3)$$

$$\delta=(0.006918-0.399912\cos\theta+0.070257\sin\theta-0.006758\cos2\theta+0.000907\sin2\theta -0.002697\cos3\theta+0.00148\sin3\theta) \quad (4.4)$$

$$\omega_s = \arccos(-\tan\varphi \cdot \tan\delta) \quad (4.5)$$

式中，年角：$\theta = 2\pi \times \frac{(n-1)}{365}$，单位为弧度制，$n$ 为一年中的日序数，即1月1日 n 值为 1，1月2日 n 值为2，以此类推，平年的12月31日 n 值为365，闰年的12月31日 n 值为366。随着日序数 n 取值的不同，H_0 表示当日的大气上界太阳辐射数值，比如，$n = 1$ 时，表示某年 1 月 1 日的大气上界太阳辐射。

2. 地面晴空状态下的太阳辐射

在理想条件下(即晴空条件下)，大气上空太阳辐射透射过大气层到达地面，部分太阳辐射被大气吸收，直接辐射的透明度系数为 0.4~0.8，散射辐射的透明度系数为 0.153~0.037(何洪林等，2003)。已有的研究表明(童成立等，2005)，通常情况下，太阳总辐射在大气中的透明度系数为 0.8 左右，在特定的环境条件下，其透明度系数有所差异。本节对太阳总辐射在大气中的透明度系数采用 0.8。如下式所示：

$$H_L = 0.8\times H_0 \quad (4.6)$$

式中，H_L为在晴空条件下的地面总辐射；H_0为大气上界的太阳辐射。

3. 太阳辐射的计算

逐日太阳辐射是基于 Angtrom-Prescott 方程计算而来的(左大康等，1963)：

$$H = H_L \times \left(a + b \times \frac{s}{s_L}\right) \quad (4.7)$$

式中，H 为日实测总辐射；H_L 为在晴空条件下的地面总辐射；s 为日照时数；s_L 为日长，即日出和日落的时间间隔。假设在日出和日落时刻太阳高度角是 0°，有如下计算公式：

$$s_L = \frac{2}{15} \cdot \omega_s \quad (4.8)$$

式(4.7)中，a 和 b 分别为经验常数，一般是通过太阳辐射实测值回归拟合获取。对于逐日太阳辐射的模拟计算，Almorox 并没有考虑大气透明度系数，认为经验常数 a 和 b 的和为 0.75 左右，对西班牙地区的太阳辐射进行模拟得到 a 和 b 的值分别为 0.2170 和 0.5453(Almorox and Hontoria，2004)。Louche 等在法国地中海地区采用此种方法计算的 a

值为 0.206，b 值为 0.546；FAO 建议 a 和 b 的值采用 0.25 和 0.50；对西班牙地区太阳辐射采用 CGMs 模型模拟的 a 和 b 的值分别为 0.253 和 0.502(Almorox and Hontoria，2004)。左大康等基于我国不同类型地区的实测总辐射和日照百分率的月平均值，以及晴空条件下的月总辐射数据计算，得到 a 和 b 的值分别为 0.248 和 0.752(左大康等，1963)，本节中，采用此计算结果。

由以上计算方法，可以利用气象站点日照数据计算得到站点尺度的 PAR。然后利用 Anuspline4.37 气象插值软件，对气象站点的 PAR 进行逐日插值，最后根据 MODIS 遥感卫星数据周期，将 8 天逐日 PAR 数据求和，计算与遥感数据对应的 8 天周期的数据，便于作为模型参数的输入。

2017 年江汉平原单季稻生长季的 PAR 模拟结果分布如图 4.9 所示。

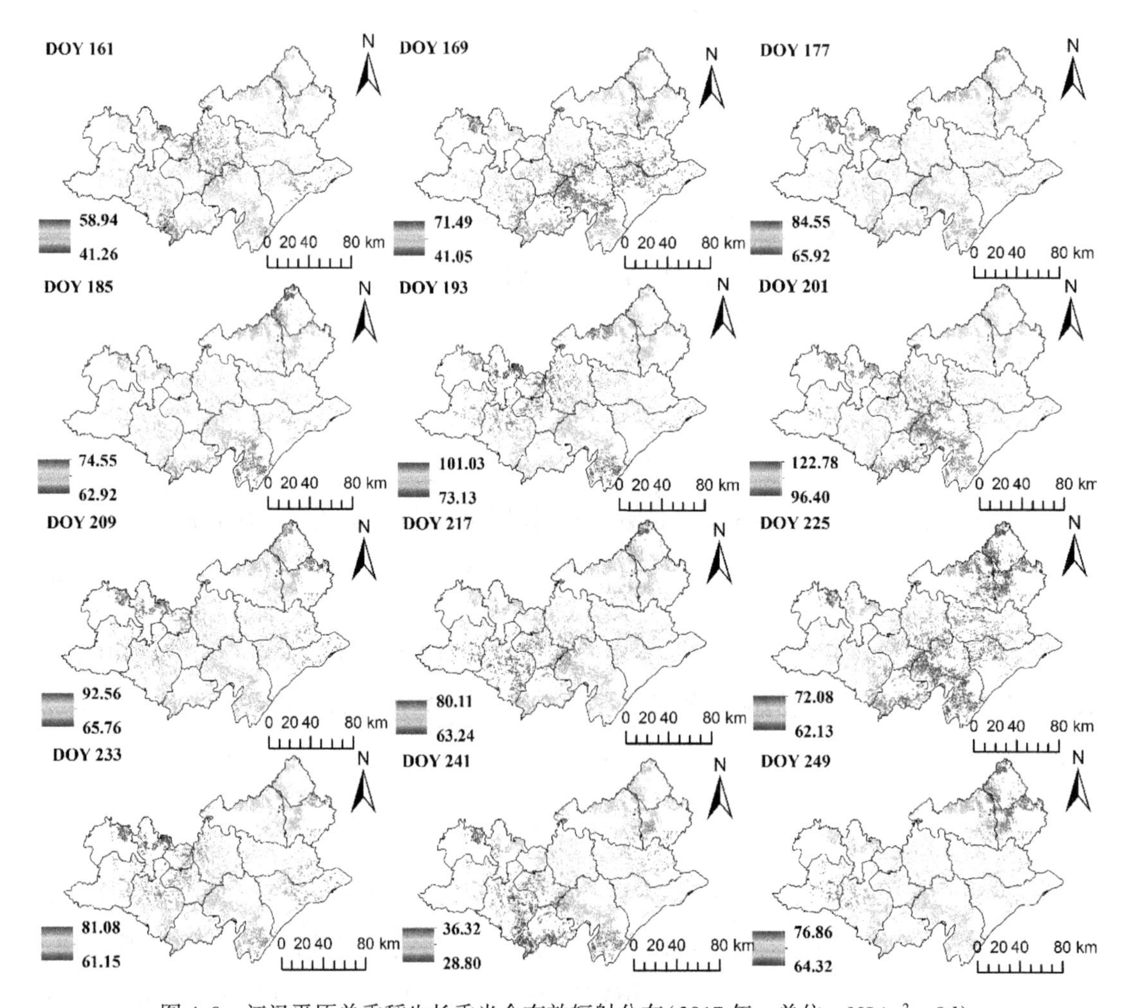

图 4.9　江汉平原单季稻生长季光合有效辐射分布(2017 年，单位：MJ/m² · 8d)

4.3.2 光合有效辐射比例(FPAR)

植被覆盖和植被类型决定了植被进行光合作用时对光合有效辐射的吸收比例系数。在 VPM 中，$FPAR_{chl}$被近似地用增强型植被指数 EVI 来表达。

$$FPAR_{chl} = a \cdot EVI \tag{4.9}$$

式中，a 为经验系数，一般取值为 1。

2017 年江汉平原单季稻生长季 8 天周期的植被光合有效辐射比例分布如图 4.10 所示。生长季的不同时期，光合有效辐射比例有很大的差异；不同时期内，不同地区的水稻光合有效辐射比例也有一定的不同，说明江汉平原不同区域的水稻光合作用对光能的吸收能力有很大的时空差异。

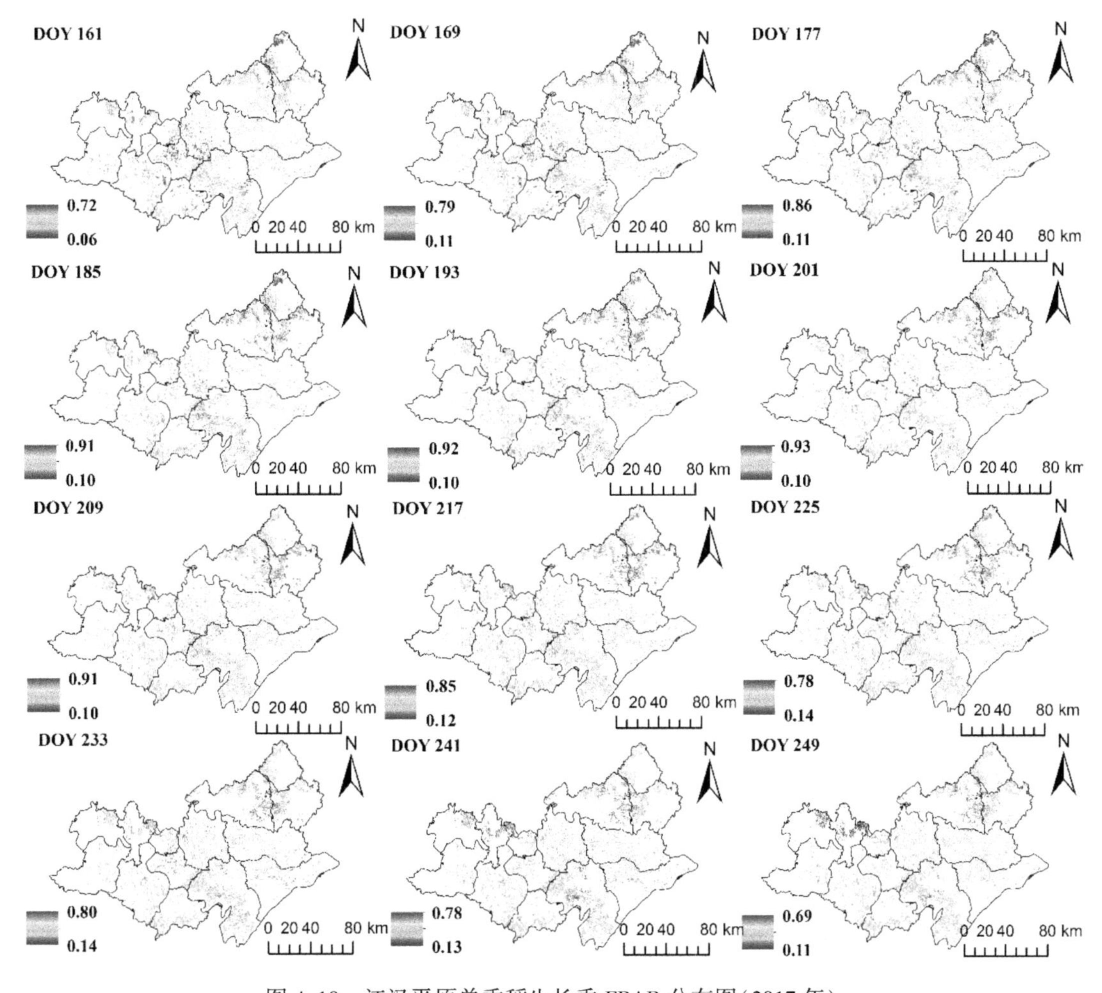

图 4.10 江汉平原单季稻生长季 FPAR 分布图(2017 年)

4.3.3　最大光能利用率（ε_0）估算

光能利用率反映了植被将太阳能转化为有机物的能力，是模型中最关键的参数之一。在 PVPM 中，具体计算过程：先确定水稻最大光能利用率，然后根据温度和水分条件进行调节，其计算公式为：

$$\varepsilon_g = \varepsilon_0 \cdot T_{\text{scalar}} \cdot W_{\text{scalar}} \cdot P_{\text{scalar}} \tag{4.10}$$

本书采用 2010 年荆州站点改进 VPM 的最大光能利用率值。

4.3.4　温度调节系数（T_{scalar}）

利用 Anuspline4.37 气象插值软件，对气象站点的温度进行逐日插值，最后根据 MODIS 遥感卫星数据周期，将插值的逐日温度栅格数据按照与遥感数据对应的 8 天周期计算求和，便于作为模型参数的输入。江汉平原单季稻种植区温度空间分布如图 4.11 所示。

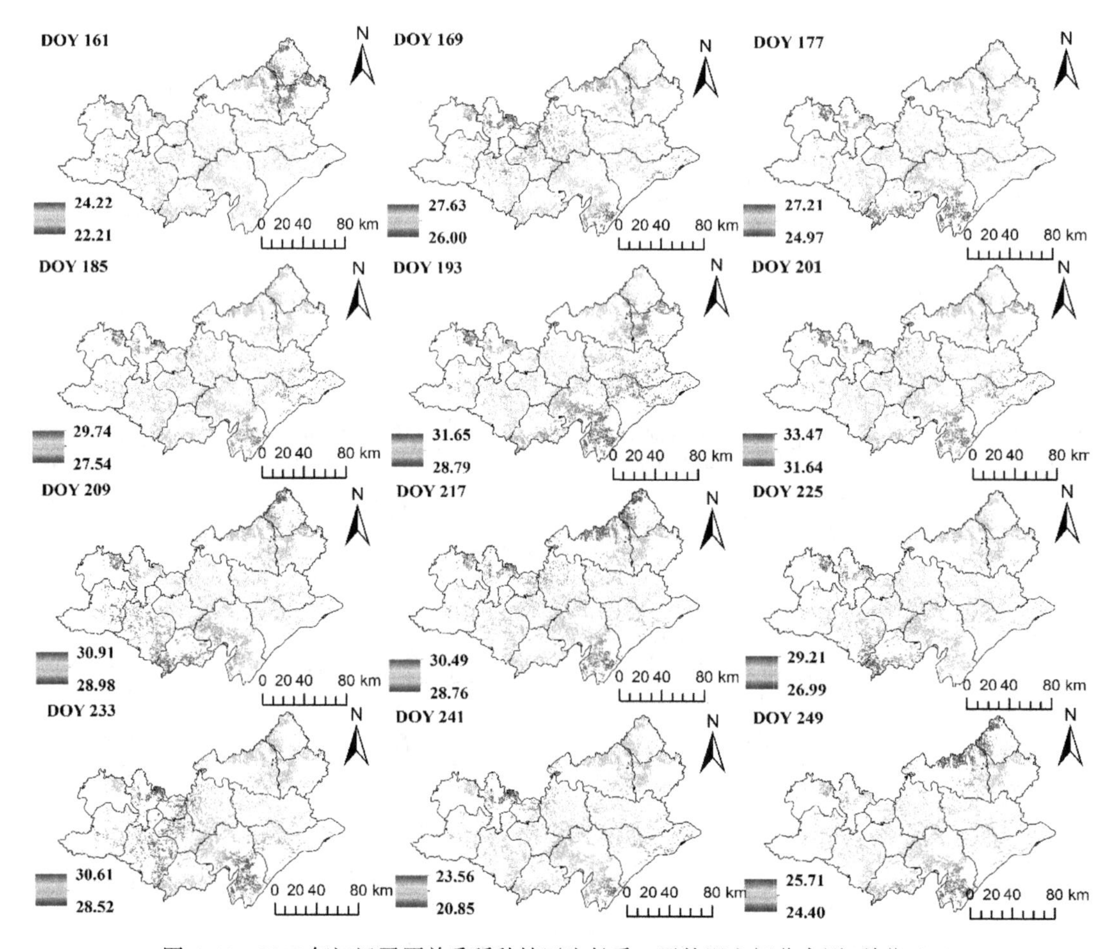

图 4.11　2017 年江汉平原单季稻种植区生长季 8 天均温空间分布图（单位：℃）

基于第3章中提出的水稻物候特征的最适温度概念，本研究根据江汉平原的水稻物候生育期特征(分为返青-分蘖期、分蘖-穗始分化期、穗始分化-抽穗期和抽穗-成熟期)，分别计算2000—2017年水稻4个物候期内的最适温度。2017年水稻4个物候期内最适温度分布如图4.12所示。返青-分蘖期最适温度范围为22.21~24.22℃，中部地区的仙桃市、洪湖市、监利县、潜江市和西北部地区的应城市、汉川市、天门市最适温度较高，西部地区的枝江市、松滋市和公安县的最适温度较低；分蘖-穗始分化期最适温度范围为27.211~28.64℃，东部地区汉川市、仙桃市、洪湖市和监利县最适温度较高，西部地区枝江市、松滋市和荆州区的最适温度较低；穗始分化-抽穗期最适温度范围为30.07~31.35℃，南部地区洪湖市、监利县、石首市、公安县、松滋市最适温度较高，北部地区的应城市、天门市和潜江市的最适温度偏低；抽穗-成熟期最适温度范围为25.47~26.99℃，南部地区的监利县、洪湖市最适温度较高。

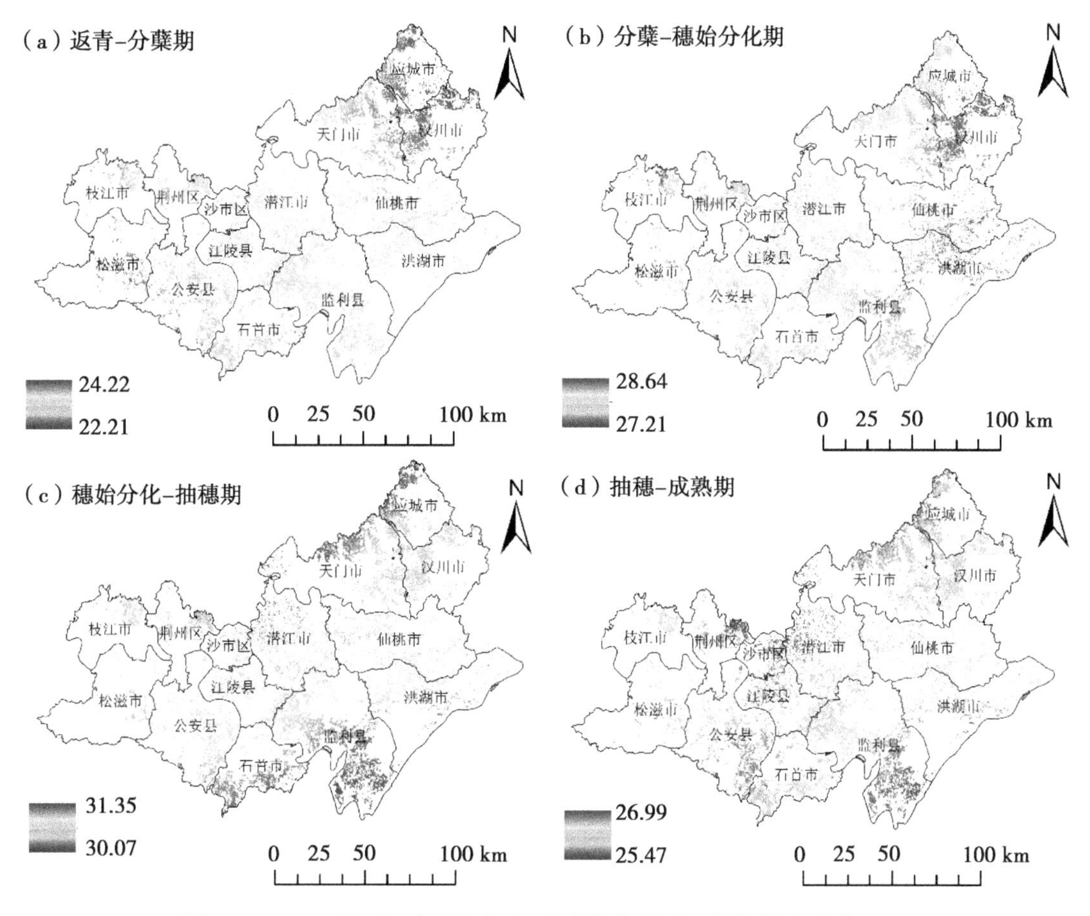

图4.12 2017年江汉平原单季稻4个物候期最适温度分布图(单位:℃)

根据 2000—2017 年每期(8 天)的温度数据和不同物候生育期内对应的最适温度数据，按照温度调节系数公式，计算共计 18 年的水稻生长季最大光能利用率的温度调节系数(T_{scalar})。2017 年水稻生长季的温度调节系数如图 4.13 所示。每期数据的温度调节系数在地区分布上有一定的差异。

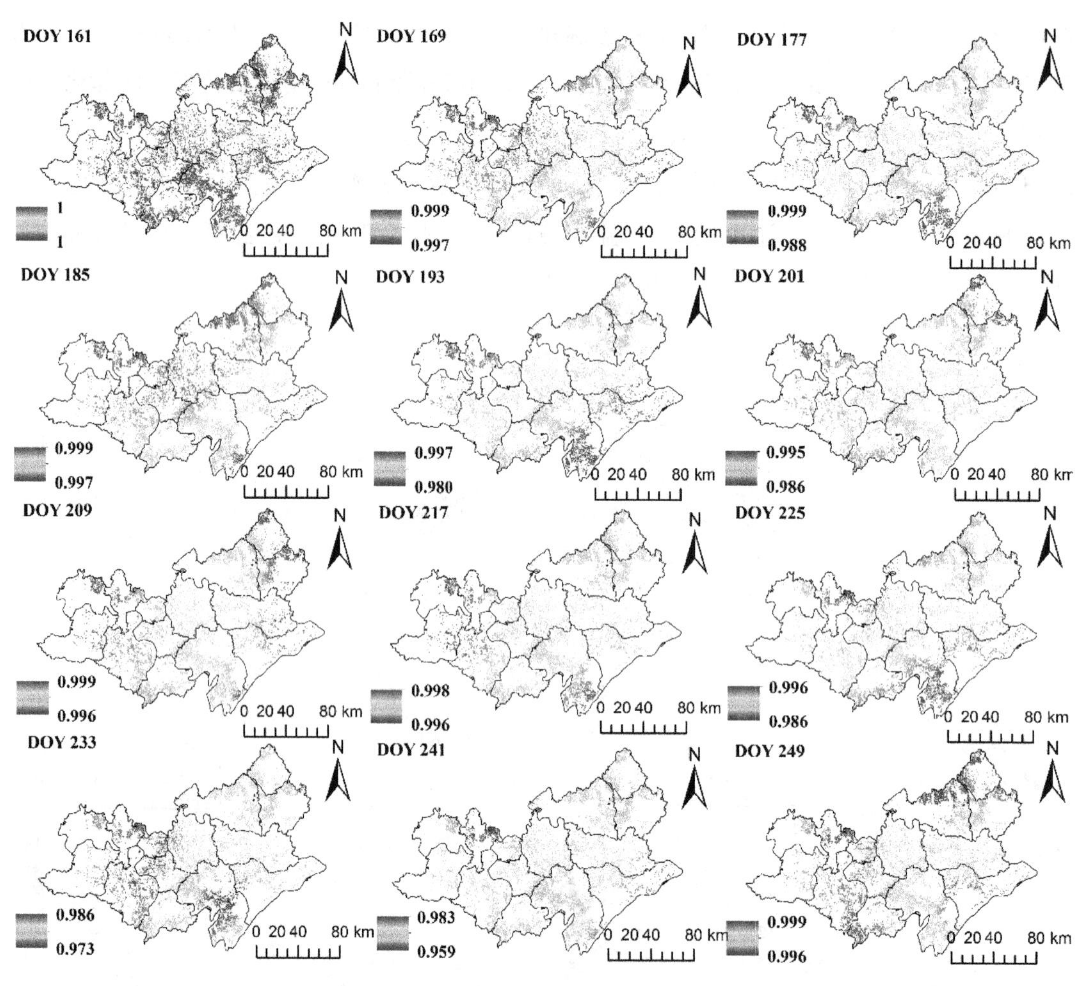

图 4.13　2017 年江汉平原单季稻温度调节系数分布图

4.3.5　水分调节系数(W_{scalar})

水分调节系数需要利用遥感多光谱信息获取的地表水分指数 LSWI(Land Surface Water Index)，水分指数计算公式如下：

$$\mathrm{LSWI} = \frac{\rho_{nir} - \rho_{swir}}{\rho_{nir} + \rho_{swir}} \tag{4.11}$$

式中，ρ_{nir} 和ρ_{swir} 分别为 MOD09A1 地表反射率数据的近红外波段(0.78~0.89μm)和短波红外波段(1.58~1.75μm)的地表反射率。

江汉平原 2017 年单季稻 LSWI 分布如图 4.14 所示。

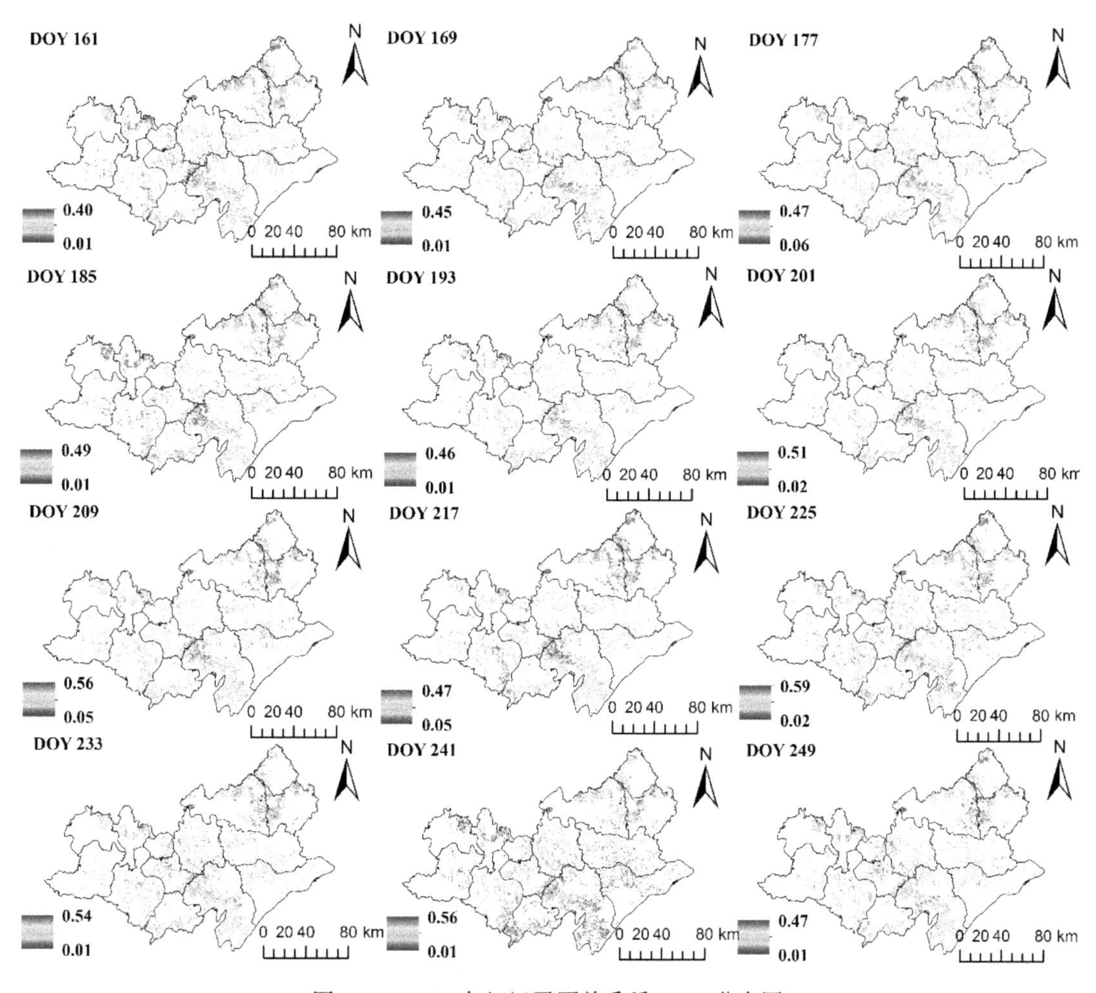

图 4.14 2017 年江汉平原单季稻 LSWI 分布图

水分调节系数 W_{scalar} 是利用地表水分指数来计算：

$$W_{scalar}=\frac{1+\text{LSWI}}{1+\text{LSWI}_{max}} \tag{4.12}$$

其中，先计算 2000—2017 年水稻生长季 N 期 8 天合成数据的某一期数据每个栅格像元的多年平均值，然后计算水稻生长季光合有效期内 N 期数据每个栅格的最大值作为 LSW_{Imax} 值，即：

$$\text{LSWI}_i=\text{mean}(\text{LSWI}_1,\ \text{LSWI}_2,\ \text{LSWI}_3,\ \cdots,\ \text{LSWI}_j) \tag{4.13}$$

$$\mathrm{LSWI}_i = \max(\mathrm{LSWI}_1, \mathrm{LSWI}_2, \mathrm{LSWI}_3, \cdots, \mathrm{LSWI}_j) \tag{4.14}$$

式中，$i=1, 2, 3, \cdots, N$，N 为水稻生长季光合有效期内总的数据期数；$j=1, 2, 3\cdots, n$，n 为总年数。

江汉平原 2017 年单季稻水分调节系数分布如图 4.15 所示。

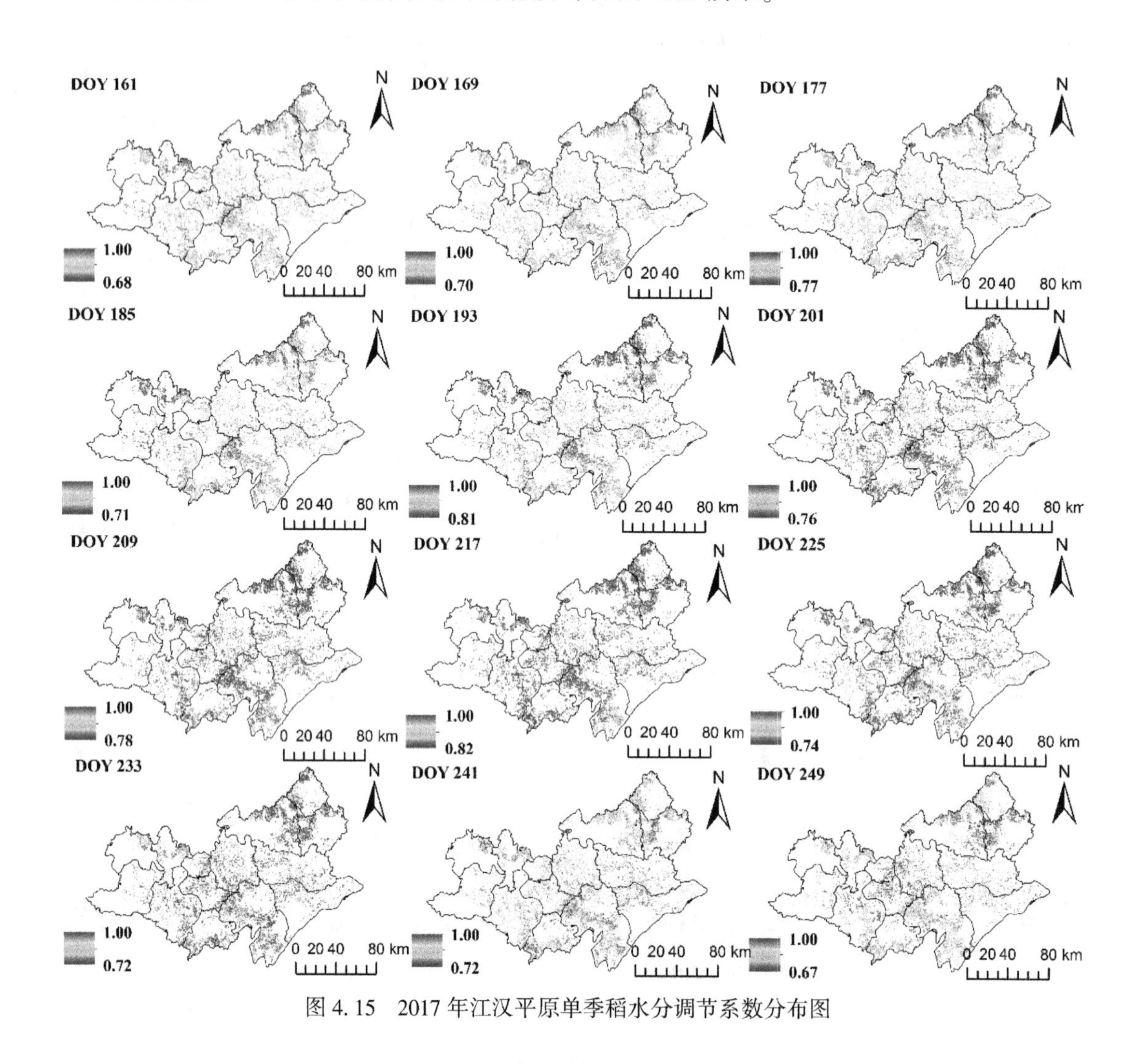

图 4.15　2017 年江汉平原单季稻水分调节系数分布图

4.4　江汉平原农田水稻 GPP 估算结果

4.4.1　单季稻 GPP 估算结果

根据以上各种参数的设置，按照 PVPM 计算获得了江汉平原农田单季稻 GPP 估算的结果(图 4.16)。

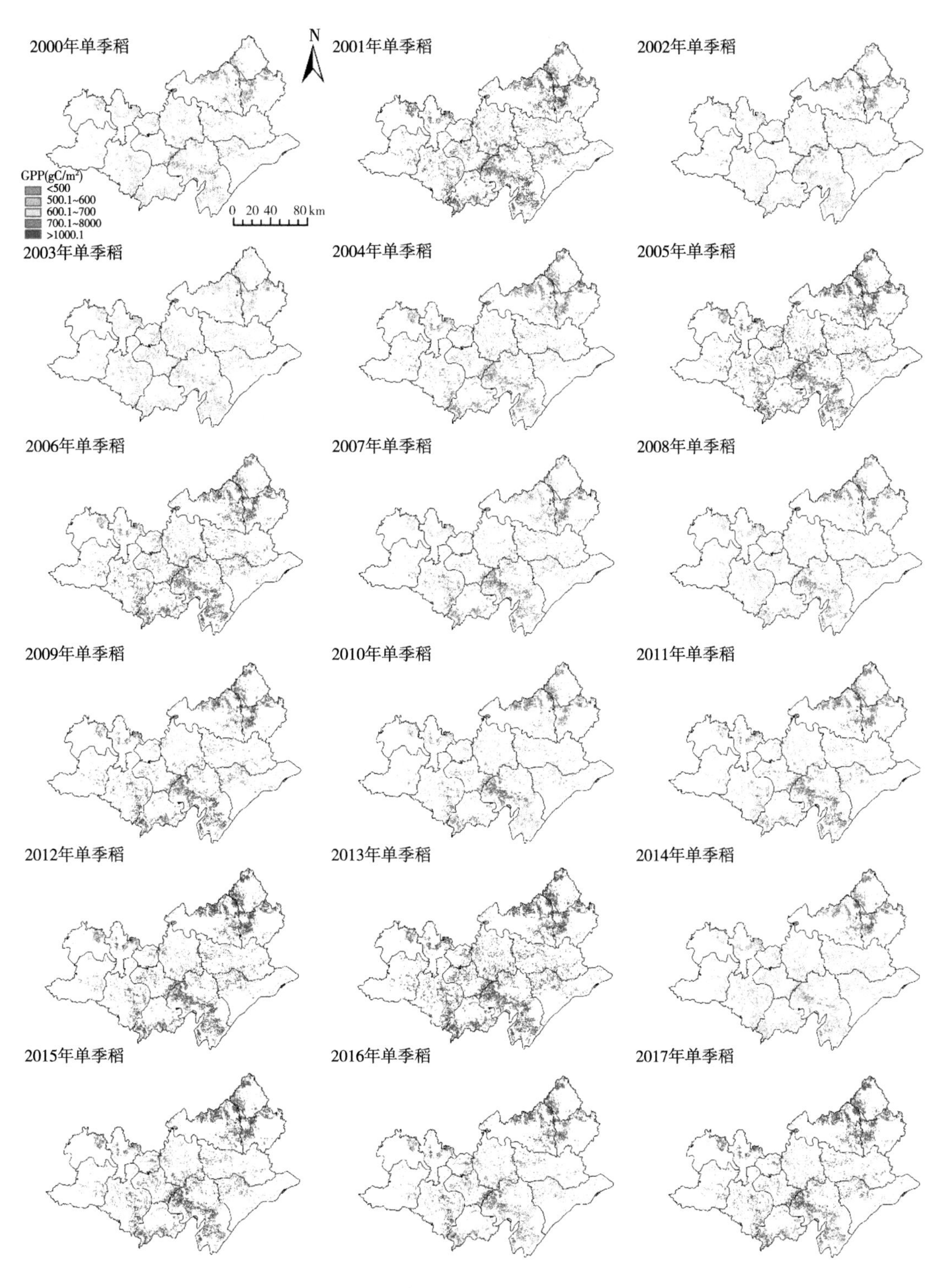

图 4.16　2000—2017 年江汉平原农田单季稻 GPP 估算结果

4.4.2　双季稻 GPP 估算结果

根据以上各种参数的设置，按照 PVPM 计算获得了江汉平原双季稻 GPP 估算的结果，如图 4.17 所示。

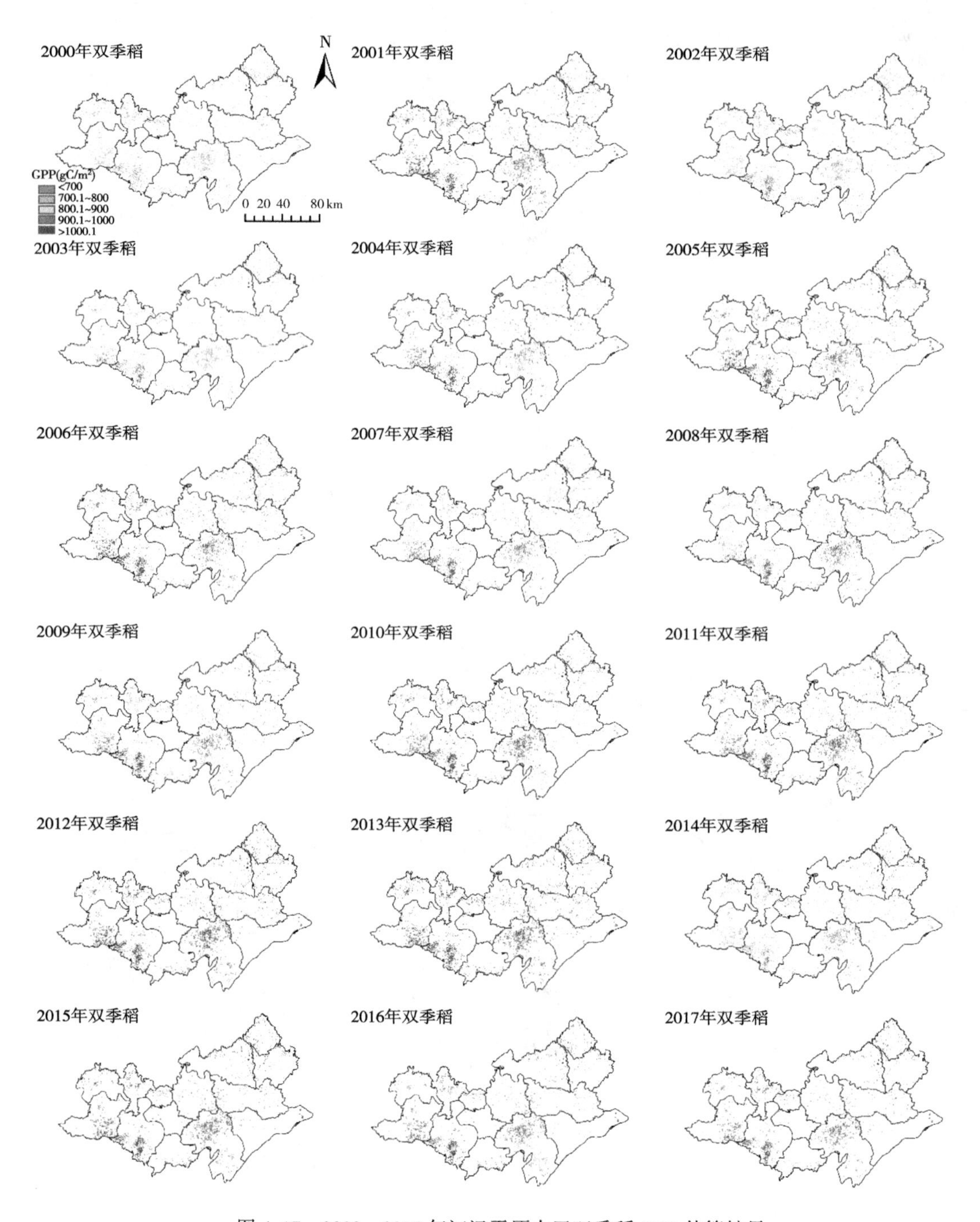

图 4.17　2000—2017 年江汉平原农田双季稻 GPP 估算结果

4.5 GPP 精度验证

4.5.1 模型验证方法与数据

根据农业统计年鉴中农作物产量数据转化为植被碳储量，来验证遥感估算总的农田生态系统水稻 GPP 的碳储量是一种有效的方法(闫慧敏，2005)。作物产量来自湖北农业统计年鉴中单双季稻的产量。

4.5.2 GPP 估算结果验证

江汉平原区域尺度验证，将 2000—2017 年遥感估算的 GPP 计算的碳储量与农作物产量数据转化的碳储量进行回归分析，结果表明：单季稻 R^2 为 0.82，双季稻 R^2 为 0.84(图 4.18)。

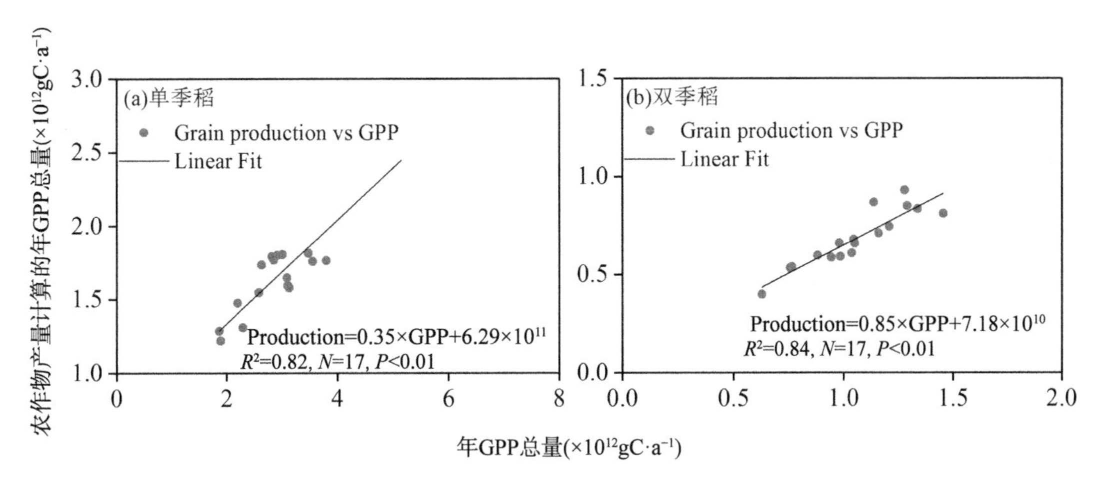

图 4.18　2000—2017 年江汉平原农田单双季水稻 GPP 模拟精度验证

县域尺度验证，将 2000—2017 年遥感估算的各区县 GPP 计算的碳储量与农作物产量数据转化的碳储量进行回归分析，结果表明：单季稻 R^2 为 0.89，双季稻 R^2 为 0.97(图 4.19)。

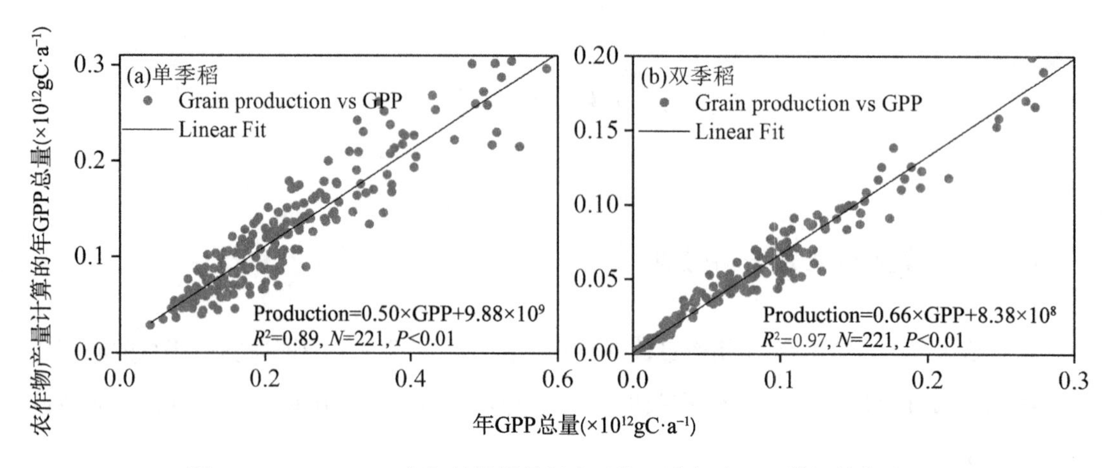

图 4.19 2000—2017 年江汉平原县级农田单双季水稻 GPP 模拟精度验证

4.6 讨 论

光合有效辐射和最大光能利用率是影响区域 GPP 模拟的两个重要参数。本章估算的 2017 年水稻生长季光合有效辐射日均值范围为 3.6～15.35MJ/m^2 · d，均值为 8.46 MJ/m^2 · d，童成立等估算的 1961—2000 年湖北宜昌和 1987—2000 年湖南长沙年均观测值分别为 10.99 MJ/(m^2 · d)和 10.68 MJ/(m^2 · d)(童成立等，2005)，李佳等 2003—2008 年估算的内蒙古光合有效辐射范围在 4.8～10.1 MJ/m^2 · d(Li et al.，2013)，本章估算的光合有效辐射与其他研究的估算范围基本一致。基于 PVPM 估算的 2000—2017 年江汉平原农田单季稻 GPP 变化范围是 603～850gC/(m^2 · a)，平均值为 718.55gC/(m^2 · a)；双季稻年均 GPP 变化范围是 794～1150gC/(m^2 · a)，平均值为 931.88gC/(m^2 · a)。

江汉平原水稻 GPP 估算中，本章采用 2010 年荆州站点物候期模拟的最大光能利用率值。但也有其他研究采用另外的方法计算最大光能利用率，如 Wang 等研究表明最大光能利用率与 EVI 和可见光反照率存在一定的关系，并对最大光能利用率进行了区域化(Wang et al.，2010a)；陈静清等从已发表的文献中搜集多个不同生态系统类型的通量站点最大光能利用率与站点所在处的最大 EVI 进行拟合，构建区域化的最大光能利用率(陈静清等，2014)。Wang 等的方法是基于中国北方地区的植被构建的区域化最大光能利用率；陈静清等的方法是基于多个不同生态系统类型构建的区域化最大光能利用率，本章以水稻作物为目标，因此未采用以上两种最大光能利用率的区域化方法。

Zhang 等(2017)基于 C_3/C_4植被类型来计算全球植被最大光能利用率，采用 VPM 估算了全球陆地生态系统 GPP(GPP_{vpm_z})。图 4.20 展示了 2000—2017 年江汉平原水稻 GPP_{vpm_z} 年均值变化趋势。本章估算的江汉平原水稻 GPP 与 Zhang 等估算的 GPP 产品结果对比表明，Zhang 等估算的结果整体略微偏低。考虑到在中国南方地区，Zhang 等估算的 GPP 与实测值的验证结果 GPP_{vpm_z} 存在低估的现象(参考原文图 6)，因此也可一定程度上说明本书估算结果的可靠性。

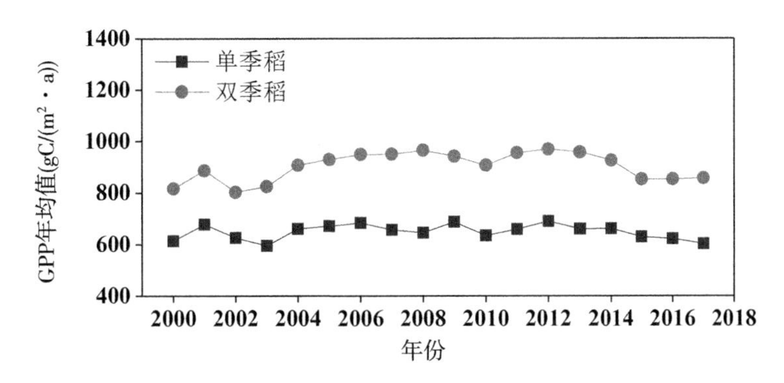

图 4.20　2000—2017 年江汉平原农田水稻 GPP_{vpm_z} 年均值变化趋势

4.7　本 章 小 结

本章首先基于 MODIS 数据对江汉平原农田单双季水稻分类信息进行提取并进行精度验证；接下来计算 PVPM 所需的输入参数，光合有效辐射(PAR)、光合有效辐射比例(FPAR)、最大光能利用率(ε_0)估算、温度调节系数(T_{scalar})、水分调节系数(W_{scalar})；进而基于 PVPM 模拟江汉平原单双季水稻的 GPP，并对模拟的结果进行验证。在江汉平原区域尺度上，将遥感估算的 GPP 转化为碳储量与农作物产量数据转化的碳储量进行回归分析，结果表明：单季稻 R^2 为 0.80，双季稻 R^2 为 0.85；在县域尺度上，将遥感估算的 GPP 转化的碳储量与农作物产量数据转化的碳储量进行回归分析，结果表明：单季稻 R^2 为 0.88，双季稻 R^2 为 0.97；表明基于 PVPM 估算的江汉平原水稻 GPP 具有较高的精度。GPP 与水稻产量之间的强相关性充分展现了利用 GPP 推算农作物产量的巨大潜力。

第5章 江汉平原农田水稻GPP时空变化特征

植被总初级生产力是指绿色植被在单位时间和单位空间内光合作用所累积的有机碳总量(Wu et al., 2008b; Yan et al., 2009a)，它能够以统一的尺度标准来评估农田生态系统生产力，可以避免以作物产量来衡量农田生产力时由于农业结构调整、农作物种植品种的改变等造成的干扰，它直接反映耕地的现实生产能力，是很好的农田生产力衡量指标。因此，对区域尺度农田生态系统GPP的时空变化进行准确、连续的监测，能够为气候变化、陆地碳收支评估和耕地产能、粮食安全的研究提供基础数据，并为生态系统管理提供有用信息(闫慧敏等，2007)。

在第4章江汉平原水稻GPP估算结果的基础上，利用空间自相关、Sen趋势和Hurst指数方法，研究2000—2017年江汉平原农田水稻GPP的时空变化特征，探讨影响该地区农田水稻GPP时空差异的主导因素。

5.1 时空特征与影响因素分析方法

5.1.1 江汉平原农田水稻生产力分级方法

由于各种农田作物产量的差异和不可比性，农田产量的确具有一定的模糊性。距平百分率可以体现某一时间段内的农田水稻GPP偏离多年水稻GPP均值的程度，能够在一定程度上反映出不同地区农田生产力的空间分异特征。因此，本章采用距平分析方法来确定不同地区农田生产力的差异(国志兴等，2009；罗玲等，2010)，其计算公式如下：

$$D_{ij} = \frac{\mathrm{GPP}_{ij} - \overline{\mathrm{GPP}}}{\overline{\mathrm{GPP}}} \times 100\% \tag{5.1}$$

式中，D_{ij}为每个栅格像元(第i行第j列栅格像元)GPP距平百分率(%)；GPP_{ij}为江汉平原2000—2017年GPP均值栅格图层中每个像元(第i行第j列)的GPP值，单位：gC/(m^2·a)；$\overline{\mathrm{GPP}}$为研究区内农田水稻所有像元的多年GPP均值。根据D_{ij}值的大小，将江汉平原水稻田分为三类：低产田(<-10%)、中产田(-10%~10%)、高产田(>10%)。

5.1.2 聚集性分析方法

空间自相关是探测研究区域内某种地理特征或者属性与相邻单元同一特征或者属性聚集性的重要方法，度量指标有全局和局部两种。全局指标(高凤杰等，2017)用来探测整个研究区域内 GPP 相关程度；局部指标(高凤杰等，2017)反映每一个像元的 GPP 与其相邻像元 GPP 的相关程度。全局自相关用全局莫兰指数(Global Moran's I 指数)指标，取值范围[-1，1]，大于0表示呈集聚模式，小于0表示呈离散模式，等于0表示呈随机模式，且指标绝对值越大表明相关程度越强(图 5.1)。局部自相关可用聚类/异常值分析指数(Anselin Local Moran's I 指数)来标识，可以识别空间相似性(高-高值聚集、低-低值聚集)或者空间异常性(低-高聚集、高-低聚集)(图 5.2)。

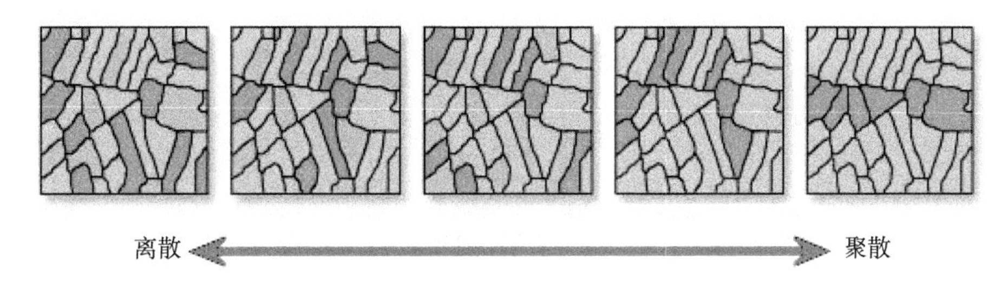

图 5.1　全局空间自相关示意图(参考：ArcGIS 10.4)

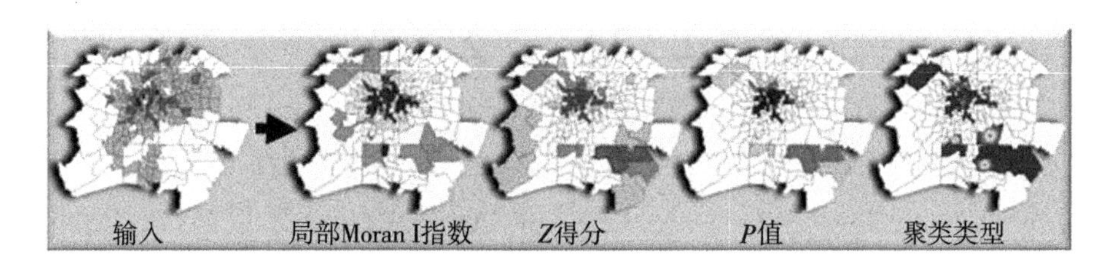

图 5.2　局部空间自相关示意图(参考：ArcGIS 10.4)

空间自相关的 Moran's I 统计可表示为：

$$\text{Moran's I} = \frac{n}{S_0} \frac{\sum_{i=1}^{n} \sum_{j=1}^{n} w_{i,j} z_i z_j}{\sum_{i=1}^{n} z_i^2} \tag{5.2}$$

式中，z_i 为要素 i 的属性与其平均值($x_i - \overline{X}$) 的偏差；$w_{i,j}$ 为要素 i 和 j 之间的空间权重；n 为要素总数；S_0 为所有空间权重的聚合。

$$S_0 = \sum_{i=1}^{n} \sum_{j=1}^{n} w_{i,j} \tag{5.3}$$

统计的z_I 得分按以下形式计算：

$$z_I = \frac{I - E[I]}{\sqrt{V[I]}} \tag{5.4}$$

其中：

$$E[I] = \frac{-1}{n-1} \tag{5.5}$$

$$V[I] = E[I^2] - E[I]^2 \tag{5.6}$$

$$E[I^2] = \frac{A - B}{C} \tag{5.7}$$

$$A = n[(n^2 - 3n + 3)S_1 - nS_2 + 3S_0^2] \tag{5.8}$$

$$B = D[(n^2 - n)S_1 - 2nS_2 + 6S_0^2] \tag{5.9}$$

$$C = (n-1)(n-2)(n-3)S_0^2 \tag{5.10}$$

$$D = \frac{\sum_{i=1}^{n} Z_i^4}{\left(\sum_{i=1}^{n} Z_i^2\right)^2} \tag{5.11}$$

$$S_1 = (1/2) \sum_{i=1}^{n} \sum_{j=1}^{n} (w_{i,j} + w_{j,i})^2 \tag{5.12}$$

$$S_2 = \sum_{i=1}^{n} \left(\sum_{j=1}^{n} w_{i,j} + \sum_{j=1}^{n} w_{j,i}\right)^2 \tag{5.13}$$

空间自相关的 Local Moran's I 统计数据如下所示：

$$I_i = \frac{x_i - \bar{X}}{S_i^2} \sum_{j=1, j\neq i}^{n} w_{i,j}(x_j - \bar{X}) \tag{5.14}$$

式中，x_i 为要素 i 的属性；$\bar{X}$ 为对应属性的平均值；$w_{i,j}$ 为要素 i 和 j 之间的空间权重，并且：

$$S_i^2 = \frac{\sum_{j=1, j\neq i}^{n} (x_j - \bar{X})^2}{n-1} \tag{5.15}$$

n 等于要素的总数目。

统计数据的得分z_{I_i} 的计算方法如下：

$$z_{I_i} = \frac{I_i - E[I_i]}{\sqrt{V[I_i]}} \tag{5.16}$$

其中：

$$E[I_i] = -\frac{\sum_{j=1,\ j\neq x}^{n} w_{ij}}{n-1} \tag{5.17}$$

$$V[I_i] = E[I_i^2] - E[I_i]^2 \tag{5.18}$$

$$E[I^2] = A - B \tag{5.19}$$

$$A = \frac{n - b_{2_i}\sum_{j=1,\ j\neq x}^{n} w_{i,\ j}^2}{n-1} \tag{5.20}$$

$$B = \frac{(2b_{2_i} - n)\sum_{k=1,k\neq i}^{n}\sum_{h=1,h\neq i}^{n} w_{i,k}\, w_{i,h}}{(n-1)(n-2)} \tag{5.21}$$

$$b_{2_i} = \frac{\sum_{i=1,\ i\neq j}^{n}(x_i - \bar{X})^4}{\left(\sum_{i=1,\ i\neq j}^{n}(x_i - \bar{X})^2\right)^2} \tag{5.22}$$

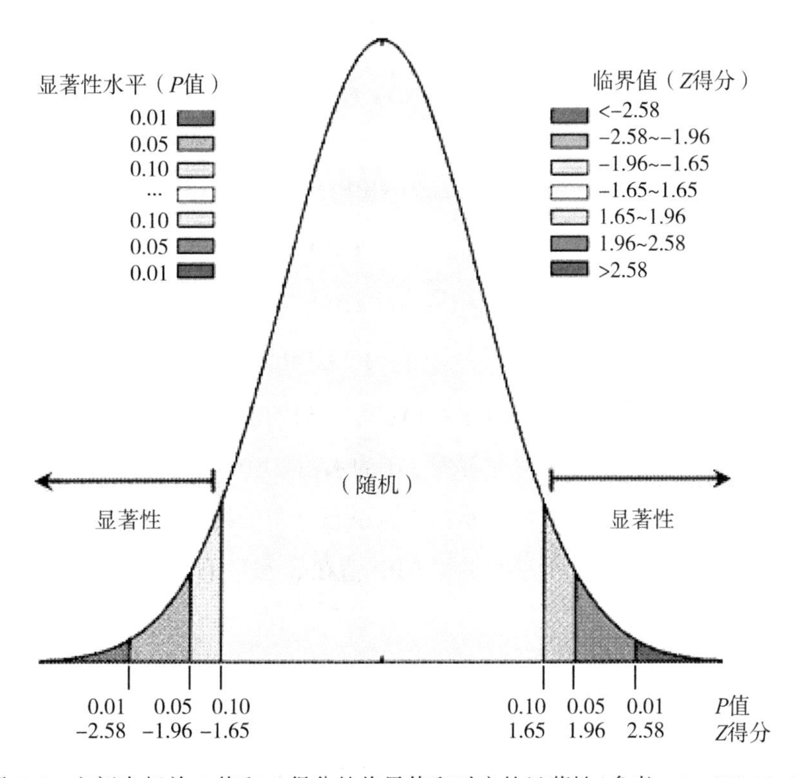

图 5.3 空间自相关 P 值和 Z 得分的临界值和对应的显著性(参考：ArcGIS 10.4)

5.1.3　趋势分析方法

荆州农田水稻 GPP 的时间变化趋势采用 Sen 趋势分析方法(Gocic and Trajkovic, 2013)，并用 Mann-Kendall 统计检验方法对 GPP 变化趋势进行显著性检验。Sen 趋势分析方法的优势在于不要求数据具有一定的分布形态，避免时间序列数据缺失的影响，同时可以剔除异常值对时间序列分析的干扰。计算公式如下：

$$\mathrm{Sen}_{\mathrm{slope}} = \mathrm{median}\left(\frac{\mathrm{GPP}_j - \mathrm{GPP}_i}{j - i}\right), \ \forall j > i \tag{5.23}$$

式中，$\mathrm{Sen}_{\mathrm{slope}}$为水稻 GPP 变化趋势；$i$，$j$ 为时间序列数；GPP_i、GPP_j分别为第 i，j 时间的水稻 GPP 值；当$\mathrm{Sen}_{\mathrm{slope}}>0$ 时，表明水稻 GPP 呈上升趋势；当$\mathrm{Sen}_{\mathrm{slope}}<0$ 时，表明水稻 GPP 呈下降趋势。

非参数统计检验 Mann-Kendall 方法对时间序列数据正态性不要求，适合非线性趋势检验。计算公式如下：

$$Z = \begin{cases} \dfrac{s-1}{\sqrt{v}}, & s > 0 \\ 0, & s = 0 \\ \dfrac{s+1}{\sqrt{v}}, & s < 0 \end{cases} \tag{5.24}$$

$$s = \sum_{j=1}^{n=1} \sum_{i=j+1}^{n} \mathrm{sign}(\mathrm{GPP}_j - \mathrm{GPP}_i) \tag{5.25}$$

$$\mathrm{sign}(\mathrm{GPP}_j - \mathrm{GPP}_i) = \begin{cases} 1, & \mathrm{GPP}_j - \mathrm{GPP}_i > 0 \\ 0, & \mathrm{GPP}_j - \mathrm{GPP}_i = 0 \\ -1, & \mathrm{GPP}_j - \mathrm{GPP}_i < 0 \end{cases} \tag{5.26}$$

$$v = n(n-1)(2n+5)/18 \tag{5.27}$$

式中，GPP_i 和GPP_j 分别为第 i 年和第 j 年的水稻 GPP 值；n 为时间序列的长度；sign 为符号函数；s 为检验统计量；v 为方差；Z 为正态分布的统计量。在给定置信度 α 水平下，当$|Z| > u_{1-\alpha/2}$ 时，表示时间序列水稻 GPP 值在 α 水平下具有显著性。

5.1.4　波动性分析方法

变异系数(Coefficient of Variation, CV)反映了地理空间数据变异程度的一个统计量，表达观测值的波动程度(王芳等，2018)。本章用变异系数分析 2000—2017 年江汉平原农田水稻 GPP 变化的稳定性，计算公式如下：

$$C_v = \frac{1}{\overline{\text{GPP}}}\sqrt{\frac{\sum_{i=1}^{n}(\text{GPP}_i - \overline{\text{GPP}^2})}{n-1}} \tag{5.28}$$

式中，C_v 为水稻GPP变异系数；i 为时间序数；GPP_i 为第 i 年的水稻GPP值；$\overline{\text{GPP}}$ 为2000—2017年水稻GPP的平均值。当 C_v 越大，表示水稻GPP波动越大；当 C_v 越小，表示水稻GPP波动越小。

5.1.5 未来趋势分析

基于重标极差(R/S)方法(刘宪锋等，2015；温晓金等，2015；严恩萍等，2014)的Hurst指数是定量描述时间序列内空间数据信息长期依赖性的有效方法。基本原理如下：

对于给定的时间序列 $\{\text{GPP}_{(t)}\}$，$t = 1, 2, \cdots, n$，定义均值序列：

$$\overline{\text{GPP}}_{(T)} = \frac{1}{T}\sum_{t=1}^{T}\text{GPP}_{(T)},\ T = 1, 2, \cdots, n \tag{5.29}$$

累积离差：$X_{(t,\ T)} = \sum_{t=1}^{n}(\text{GPP}_{(t)} - \overline{\text{GPP}}_{(T)}),\ 1 \leqslant t \leqslant T$ (5.30)

极差：$R_{(T)} = \max\limits_{1\leqslant t\leqslant T} X_{(t,\ T)} - \min\limits_{1\leqslant t\leqslant T} X_{(t,\ T)},\ T = 1, 2, \cdots, n$ (5.31)

标准差：$S_{(T)} = \left[\frac{1}{T}\sum_{t}^{T}(\text{GPP}_{(t)} - \overline{\text{GPP}}_{(T)})^2\right]^{\frac{1}{2}},\ T = 1, 2, \cdots, n$ (5.32)

求比值 $R_{(T)}/S_{(T)} \cong R/S$，如果 $R/S \propto T^H$，说明在 $t = 1, 2, \cdots, n$ 时间序列内，水稻GPP存在Hurst现象，H 值即为Hurst指数，对 $\ln T$ 和 $\ln R/S$ 进行最小二乘法回归分析即可得到 H 值。如果 $0.5<H<1$，说明在时间序列内农田水稻GPP具有长期相关和持续性，未来变化趋势和过去变化趋势一致，H 值越接近1，持续性越强；如果 $H=0.5$，说明农田水稻GPP时间序列数据是随机序列，未来变化趋势和过去变化趋势无相关性；如果 $0<H<0.5$，说明在时间序列内农田水稻GPP数据具有反向持续性，未来变化趋势与过去变化趋势呈相反关系，H 值越接近于0，反持续性越强。

5.1.6 地理探测器模型原理

江汉平原农田水稻GPP时空差异受多种因素的影响，本章仅讨论PVPM中所涉及的气象因子。地理探测器(王劲峰等，2017)可以探测某影响因子对GPP多大程度上解释了GPP的空间分异(http：//www. geodetector. org/)，用探测力 q 值来度量：

$$q(Y \mid h) = 1 - \frac{\sum_{h=1}^{L} N_h \sigma_h^2}{N\sigma^2} \tag{5.33}$$

式中，q 为影响因子对农田水稻 GPP 空间分布的探测力指标；N_h 为第 h 个子区域内的样本数；N 为研究区域内的样本数；L 为子区域的个数；σ^2 为研究区域内农田水稻 GPP 的方差；σ_h^2 为子区域内农田水稻 GPP 的方差。假设$\sigma_h^2 \neq 0$，模型成立。$q(Y|h)$ 的取值范围为[0，1]，q 值越大，说明水稻 GPP 的空间分异越明显，影响因子对农田水稻 GPP 的影响越强；q 值为 1，说明影响因子能完全解释水稻 GPP 的空间分布；q 值为 0，说明影响因子与农田水稻 GPP 没有关系，q 值表示影响因子对农田水稻 GPP 的影响为 $100\times q\%$。

本章选择 2017 年数据来对农田水稻 GPP 的驱动力进行分析。根据地理探测器模型输入数据样本的限制，对 2017 年 GPP 数据采用 10×10 像元求均值来采样。选择与 PVPM 输入参数相关的 5 个因素指标作为对农田水稻 GPP 的驱动因素，具体包括≥10℃积温、年平均气温、年日照时数、年均降雨量、年总降雨量。

5.1.7　相关性分析方法

为了定量地研究农田水稻 GPP 与区域气候因子的关系，本章建立了农田水稻 GPP 与降水、气温之间的 Pearson 相关系数(王铁虹等，2017)。

$$R_{xy} = \frac{\sum_{i=1}^{n}(x_i - \bar{x})(y_i - \bar{y})}{\sqrt{\sum_{i=1}^{n}(x_i - \bar{x})^2 \sum_{i=1}^{n}(y_i - \bar{y})^2}} \tag{5.34}$$

式中，R_{xy} 为相关系数；x_i 为年平均气温(年降水量)；y_i 为农田水稻GPP；$\bar{x}$ 为研究期内年平均气温(年降水量) 的平均值；$\bar{y}$ 为研究期内农田水稻 GPP 的平均值；n 为研究期内的年份总数。

5.2　江汉平原农田水稻 GPP 时间变化特征

2000—2017 年江汉平原农田单季稻 GPP 年总量整体上表现为趋于上升趋势。其中，2000—2003 年呈先升后降趋势，2003—2012 年呈上升趋势，2013—2014 年呈下降趋势，2014—2017 年呈上升趋势；双季稻 GPP 年总量整体上表现为趋于下降趋势，其中，2000—2002 年趋于下降趋势，2003—2013 年趋于平稳态势，2014—2017 年处于下降趋势(图 5.4(b))。

江汉平原农田单季稻 GPP 年均值在 2000—2001 年呈增加趋势，2001—2003 年呈下降趋势，2003—2013 年呈波动性增加趋势，2013—2017 年呈波动性下降趋势(图 5.4(a))；双季稻年均 GPP 变化趋势与单季稻相似。

2000—2017 年江汉平原农田单季稻 GPP 年总量变化范围是(1.86～3.55)×10^{12}gC/a，平均值为 2.85×10^{12}gC/a，最大值是 2012 年，最小值是 2000 年；双季稻 GPP 年总量变化范围是(0.62~1.34)×10^{12}gC/a，平均值为 1.04×10^{12}gC/a，最大值是 2001 年，最小值是 2017 年。

2000—2017 年农田单季稻 GPP 年均值变化范围是 603~797gC/(m^2·a)，平均值为 717.72gC/(m^2·a)，最大值是 2012 年，最小值是 2003 年；农田双季稻 GPP 年均值变化范围是 794~1030gC/(m^2·a)，平均值为 926.66gC/(m^2·a)，最大值是 2012 年，最小值是 2003 年。

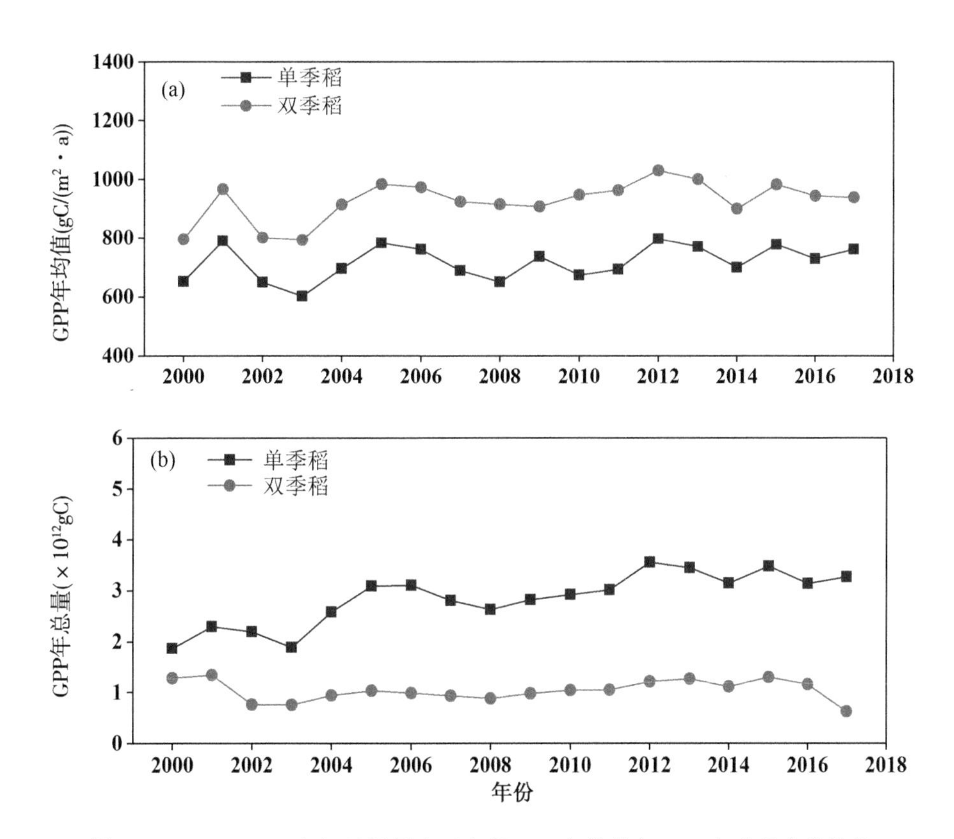

图 5.4　2000—2017 年江汉平原农田水稻 GPP 年均值与 GPP 年总量变化趋势

5.3 江汉平原农田水稻 GPP 空间变化特征

5.3.1 空间分布特征

计算 2000—2017 年江汉平原的农田水稻 GPP 多年均值，运用距平分析方法将江汉平原水稻田划分为高、中、低产田。2000—2017 年江汉平原单双季稻农田高、中、低产田空间分布如图 5.5 所示。

单季稻高产田面积占 8.92%，中产田面积占 79.20%，低产田面积占 11.88%（表 5.1）。高产田主要分布在江汉平原东北部的天门市和汉川市；中产田主要分布在江汉平原的大部分地区，东北部的应城市、天门市、汉川市，中南部的洪湖市、监利县、潜江市、江陵县、石首市和公安县等；低产田主要分布在江汉平原西北部的荆州区、沙市区、公安县和潜江市，以及零星分布在仙桃市和洪湖市。

双季稻高产田面积占 8.37%，中产田面积占 80.66%，低产田面积占 10.97%（表 5.1）。高产田主要分布在公安县；中产田主要分布在监利县、公安县、松滋市；低产田主要分布在荆州区、沙市区，以及零星分布在其余地区。

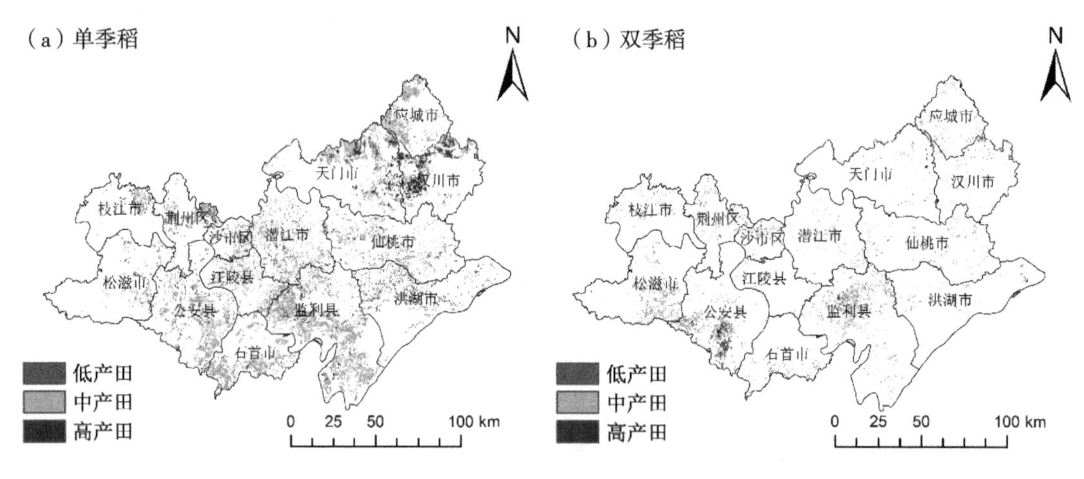

图 5.5　江汉平原水稻农田生产力级别与空间分布

表 5.1　江汉平原水稻农田生产力水平分级

农田类型	GPP 距平百分率/%	农田级别	面积/km^2	面积百分率/%
单季稻	<-10	低产田	456.25	11.88
	-10~10	中产田	3043	79.20
	>10	高产田	343	8.92
双季稻	<-10	低产田	114	10.97
	-10~10	中产田	838.5	80.66
	>10	高产田	87	8.37

5.3.2 空间聚集特征

计算 2000—2017 年江汉平原单双季稻 GPP 的 Global Moran's I 指数(图 5.6)，结果表明：Moran's I 指数均大于 0，且达到 $p=0.05$ 显著性水平，说明 2000—2017 年江汉平原单双季稻 GPP 均具有很强的聚集性，有明显规律的地域性分布。2000—2017 年单季稻 Moran's I 指数整体上随时间呈波动性递增趋势，说明聚集性逐年加强；2000—2017 年双季稻 Moran's I 指数整体上随时间呈波动性平稳趋势，说明聚集性处于平稳状态。

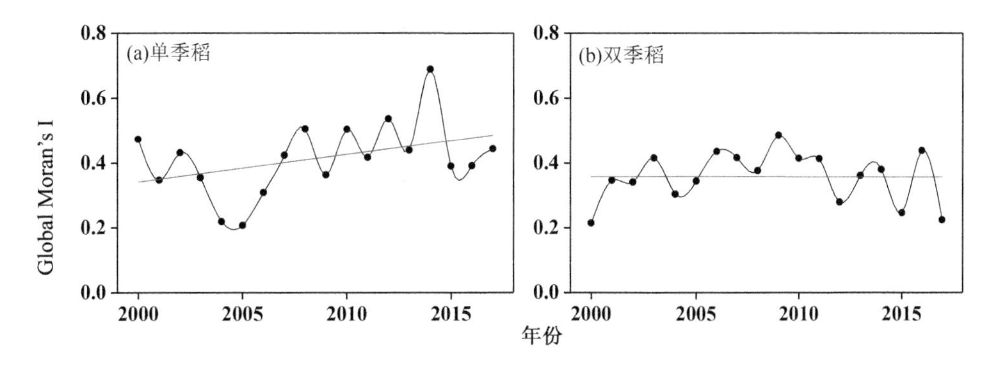

图 5.6 2000—2017 年江汉平原单双季水稻 GPP 全局空间聚集性变化趋势

虽然全局自相关可以反映江汉平原单双季水稻 GPP 整体的空间聚集和离散程度，但是很难反映局部区域的情况，因此，进一步分析局部空间自相关。计算 2000—2017 年江汉平原农田单双季水稻 GPP 的 Anselin Local Moran's I 指数，都达到 $p=0.05$ 显著性检验水平(图 5.7)。结果表明：江汉平原农田单季水稻 GPP 空间分布局部空间自相关主要呈高-高聚集和低-低聚集，高-高聚集主要分布在天门市、应城市、汉川市和监利县，低-低聚集主要分布在仙桃市东部、洪湖市东部、潜江市、沙市区、荆州区、枝江市、公安县北部地区和松滋市等，而高-低聚集和低-高聚集的区域很少；江汉平原农田双季水稻 GPP 空间分布局部空间自相关主要呈高-高聚集、低-低聚集和低-高聚集，高-高聚集主要分布在监利县北部、公安县南部和松滋市南部，低-低聚集主要分布在沙市区、荆州区、枝江市北部及零星分布在其他区县，低-高聚集主要分布在公安县和监利县，而高-低聚集区域很少。

5.3.3 波动性特征

波动性可用变异系数表示，揭示地理空间数据的相对变化(波动)程度。本章用变异系数分析 2000—2017 年江汉平原农田水稻 GPP 变化的稳定性。2000—2017 年江汉平原农田单季稻变异系数为 0.06~0.56，双季稻变异系数为 0.05~0.36，说明江汉平原水稻 GPP 变

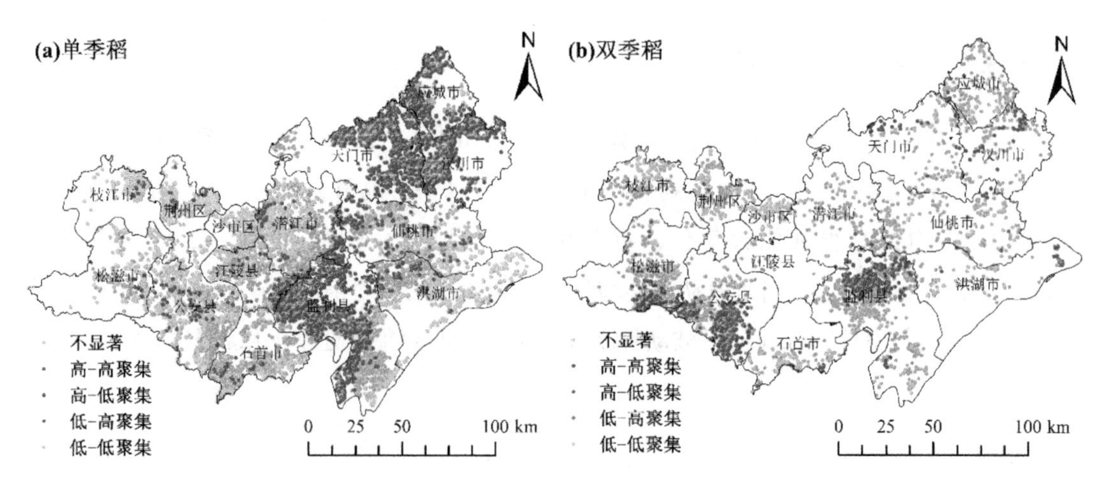

图 5.7　2000—2017 年江汉平原单双季水稻年均 GPP 局部空间聚集性

化存在显著的空间差异特征(图 5.8)。具体而言，单季稻变异系数低值区主要位于江汉平原东部地区的应城市、天门市和汉川市，以及南部地区的监利县、西部地区的荆州区和枝江市；中高值地区主要是江汉平原腹地的沙市区、江陵县、公安县、潜江市、石首市、监利县、仙桃市和洪湖市。双季稻低值区主要是荆州区、枝江市、松滋市和公安县，高值区主要位于天门市、仙桃市、监利县和洪湖市。

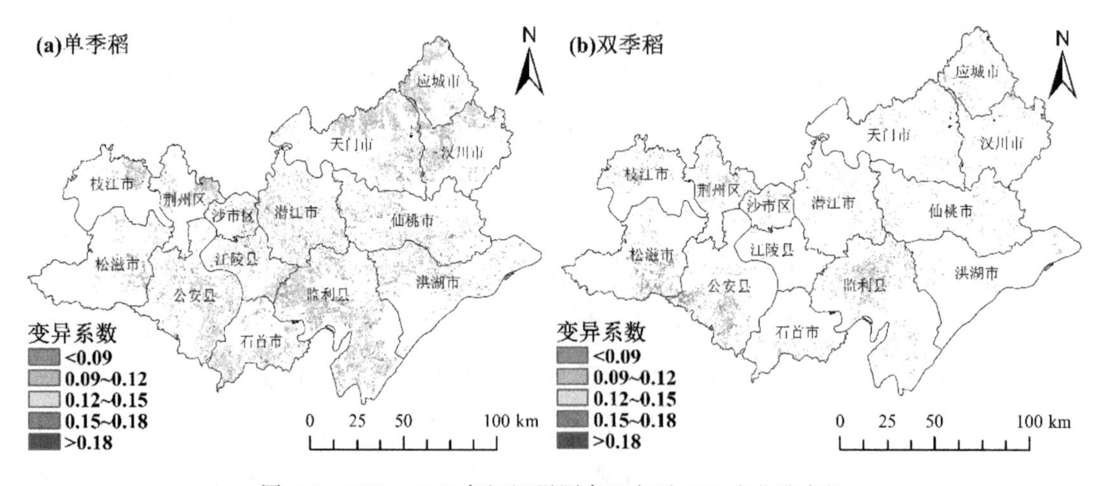

图 5.8　2000—2017 年江汉平原农田水稻 GPP 变化稳定性

5.3.4　空间趋势特征

为监测江汉平原农田水稻 GPP 空间变化趋势，计算 2000—2017 年农田水稻 GPP 的

Sen 趋势度，并进行 M-K 检验，将结果划分为无显著变化和显著变化($p=0.01$ 置信水平)两个等级(图 5.9)。结果表明：①江汉平原农田单季稻 GPP 显著上升地区面积占 51.52%，主要分布在江汉平原东北部地区的应城市、天门市、汉川市，以及中部地区的监利县、江陵县、石首市和公安县；无显著变化区域面积占 48.07%，其中 39.94%为无显著上升，8.13%为无显著下降；显著下降区域面积占 0.41%，农田单季稻 GPP 显著下降的区域零星分布在仙桃市、潜江市；②江汉平原农田双季稻 GPP 显著上升地区面积占 46.84%，主要分布在江汉平原东北部的应城市、天门市、汉川市，以及中部的监利县、江陵县、石首市和公安县；无显著变化区域面积占 52.64%，其中 29.46%为无显著上升，10.48%为无显著下降；显著下降区域面积占 0.52%，农田单季稻 GPP 显著下降的区域零星分布在仙桃市、潜江市。

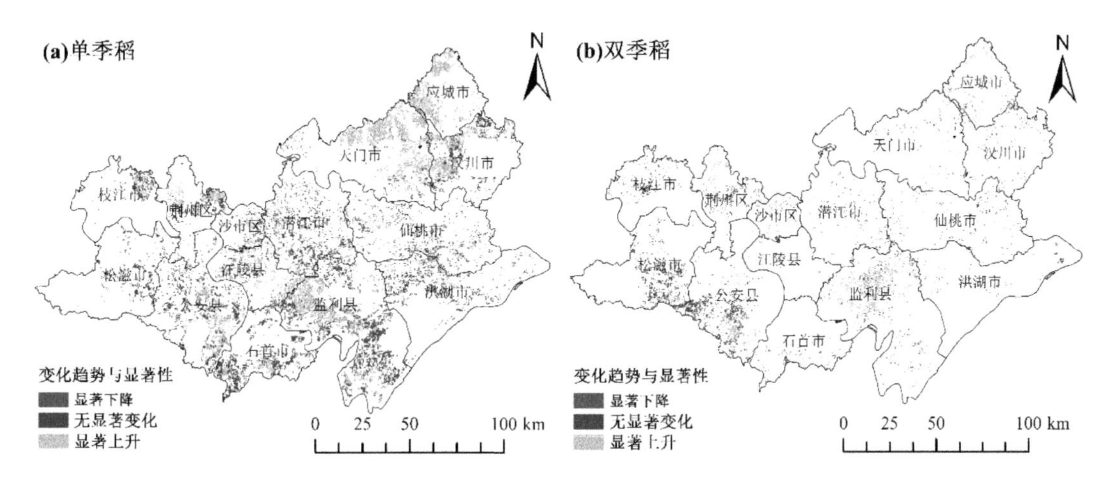

图 5.9　2000—2017 年江汉平原农田水稻 GPP 变化趋势与显著性

5.3.5　未来趋势特征

上述论述主要是针对过去 2000—2017 年间江汉平原农田水稻 GPP 的时空变化分析，而对于未来的变化趋势尚不清楚，因此进一步分析江汉平原农田水稻 GPP 的未来变化特征(图 5.10)。结果表明，江汉平原农田单季稻 GPP 的 Hurst 指数范围是 0.26~0.70，平均值是 0.45，其中 Hurst 指数大于 0.5 的区域面积占 18.77%，说明江汉平原农田单季稻 GPP 的反向持续性特征要强于正向持续性特征。江汉平原农田双季稻 GPP 的 Hurst 指数范围是 0.17~0.71，平均值是 0.46，其中 Hurst 指数大于 0.5 的区域面积占 29.08%，说明江汉平原农田单季稻 GPP 的反向持续性特征要强于正向持续性特征。

为进一步揭示江汉平原农田水稻 GPP 未来变化趋势，将 Hurst 指数空间分布与农田水稻GPP变化趋势叠加，正向持续性与变化趋势的叠加结果分为持续改善、持续退化和持续波动；而反向持续性表示未来变化趋势与以前的变化趋势相反，将反向持续性与变化趋势叠加结果分为由退化到改善、由波动到改善、由波动到退化和由改善到退化。统计结果表明，江汉平原农田单季稻由退化到改善的地区为0.25%，由波动到改善的地区为5.86%，由波动到退化的地区为33.54%，由改善到退化的地区为41.30%，持续改善的地区为10.22%，持续退化的地区为0.14%，持续波动的地区为8.69%。江汉平原农田双季稻由退化到改善的地区为0.31%，由波动到改善的地区达7.55%，由波动到退化的地区为34.00%，由改善到退化的地区为33.83%，持续改善的地区为13.01%，持续退化的地区为0.19%，持续波动的地区为11.11%。

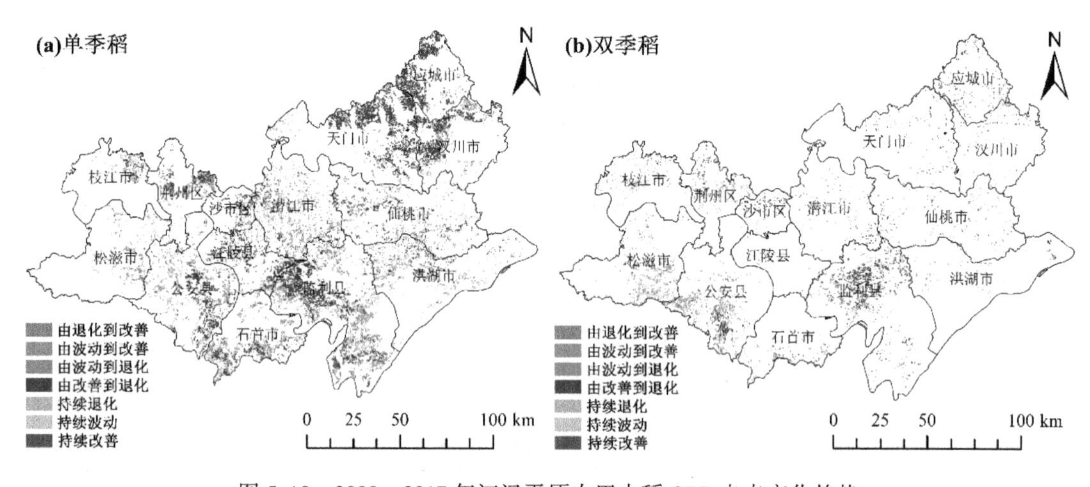

图5.10　2000—2017年江汉平原农田水稻GPP未来变化趋势

5.4　江汉平原水稻GPP时空变化特征的气象影响因素分析

农田水稻GPP空间差异特征与多种因素密切相关，本章重点考虑与PVPM中驱动因子相关的气温、日照和降雨等气候因素。

运用ArcGIS软件提取每个GPP像元为采样点，并提取采样点处对应的驱动因素的参数值。通过地理探测器方法对因子进行探测得到各个影响因子对农田水稻GPP的影响大小(表5.2)。

整体上来看，江汉平原农田水稻GPP的驱动因素影响大小：气温>日照>降雨。江汉平原地理位置属于中南部地区，温度对农作物GPP的累加具有重要的作用；江汉平原地处长江中游地区，受长江和汉江共同影响，云雨天气较多，雨量充沛，因此，日照相对于降雨而言对水稻 GPP 具有更重要的作用。

表 5.2　气候影响因子对水稻 GPP 的影响大小（*q*）及置信度(*p*）探测结果

影响因子	*q* 值	*p* 值
≥10℃积温	0.28	0.00
年平均气温	0.25	0.00
年日照时数	0.20	0.00
年均降雨量	0.15	0.00
年总降雨量	0.16	0.00

1. 单季稻 GPP 与生长季的气温、降水和日照的相关性

图 5.11 分析了 2000—2017 年江汉平原生长季单季稻 GPP 与平均气温、降雨量和日照

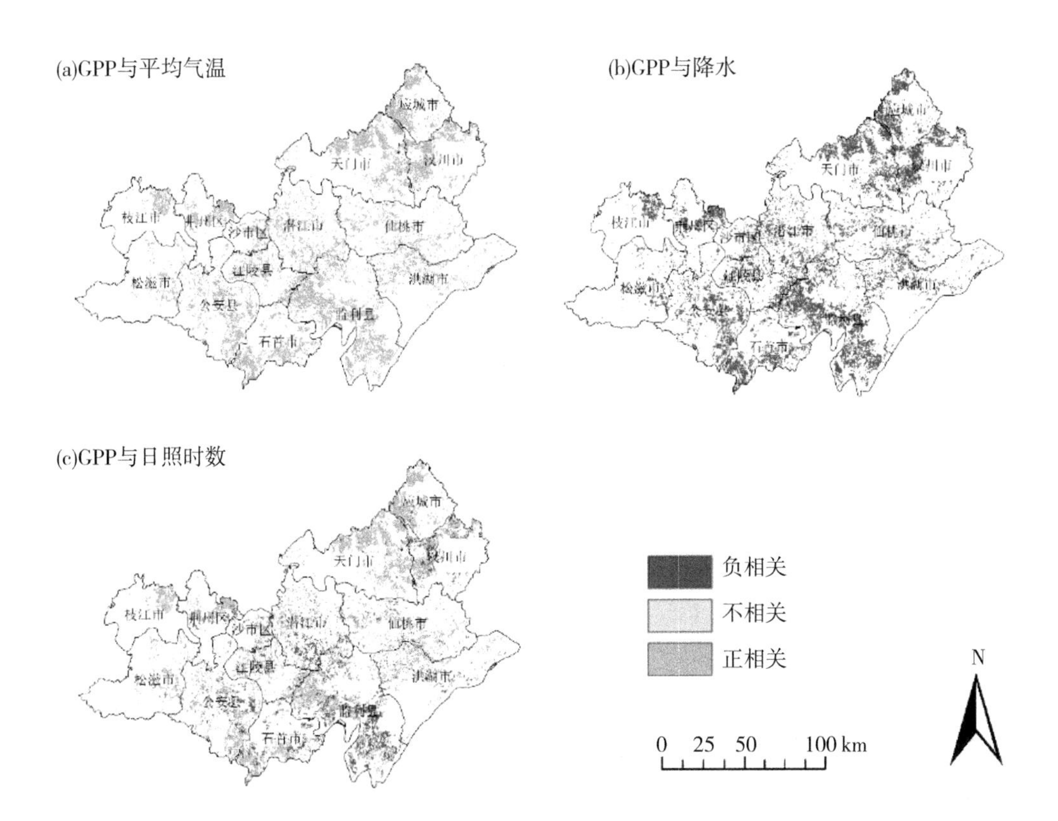

图 5.11　2000—2017 年江汉平原生长季单季稻 GPP 与平均气温、降雨量和日照相关性

的相关性。结果表明：生长季单季稻 GPP 与平均气温主要呈正相关关系；生长季单季稻 GPP 与降雨量主要呈负相关关系；生长季单季稻 GPP 与日照时数主要呈正相关关系，部分地区呈负相关关系。

2. 不同物候期内单季稻 GPP 与气温、降水和日照的相关性

图 5.12 分析了 2000—2017 年江汉平原水稻物候期的单季稻 GPP 与平均气温的相关性。结果表明：返青-分蘖期单季稻 GPP 与平均气温主要呈负相关关系；分蘖-穗始分化期、穗始分化-抽穗期、抽穗-成熟期单季稻 GPP 与平均气温主要呈正相关关系。

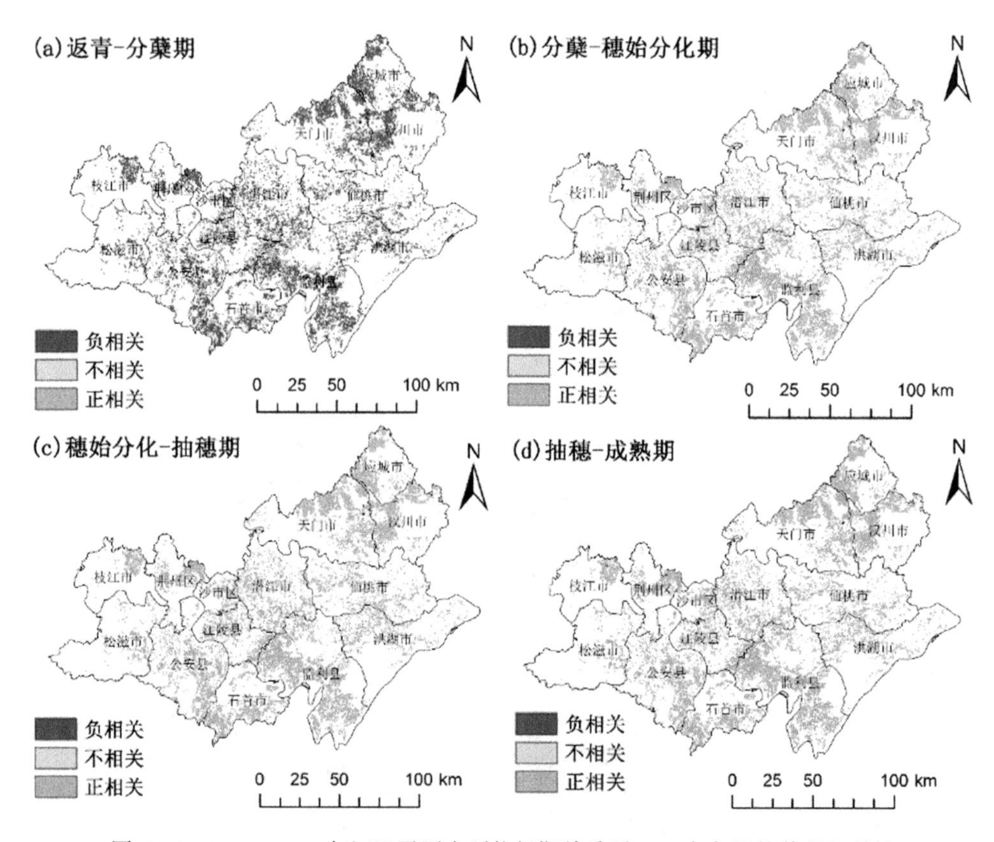

图 5.12　2000—2017 年江汉平原水稻物候期单季稻 GPP 与气温均值的相关性

图 5.13 分析了 2000—2017 年江汉平原物候期单季水稻 GPP 与降雨量的相关性。结果表明：返青-分蘖期、分蘖-穗始分化期、穗始分化-抽穗期、抽穗-成熟期单季稻 GPP 与降雨量主要呈负相关关系。

图 5.14 分析了 2000—2017 年江汉平原物候期单季稻 GPP 与日照的相关性。结果表

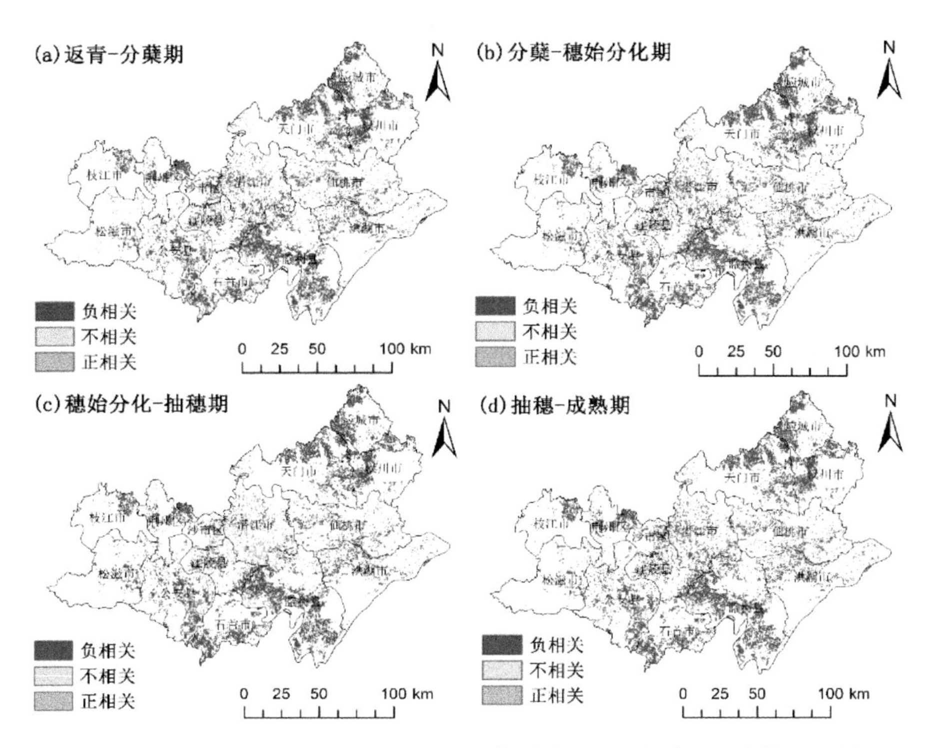

图 5.13　2000—2017 年江汉平原水稻物候期单季稻 GPP 与降雨量均值的相关性

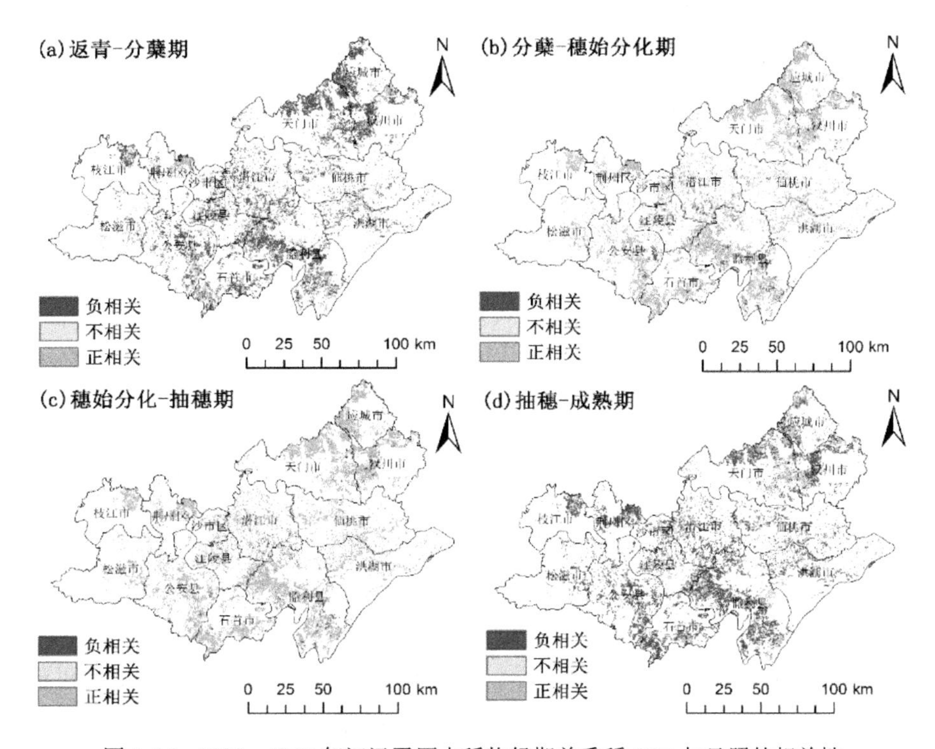

图 5.14　2000—2017 年江汉平原水稻物候期单季稻 GPP 与日照的相关性

明：返青-分蘖期单季稻 GPP 与日照主要呈负相关关系，分蘖-穗始分化期、穗始分化-抽穗期单季稻 GPP 与日照主要呈正相关关系，抽穗-成熟期单季稻 GPP 与日照主要呈负相关关系。

5.5 讨　　论

光合有效辐射和最大光能利用率是影响区域 GPP 模拟的两个重要参数。本书估算的 2017 年水稻生长季光合有效辐射日均值范围为 3.6~15.35MJ/m^2·d，均值为 8.46 MJ/m^2·d，童成立等估算的 1961—2000 年湖北宜昌和 1987—2000 年湖南长沙年观测均值分别为 10.99 MJ/m^2·d 和 10.68 MJ/m^2·d(童成立等，2005)，李佳等 2003—2008 年估算的内蒙古光合有效辐射范围在 4.8~10.1 MJ/m^2·d(Li et al.，2013)，本研究估算的光合有效辐射与其他研究的估算范围基本一致。基于 PVPM 估算的 2000—2017 年江汉平原农田单季稻 GPP 变化范围是 603~850gC/(m^2·a)，平均值为 718.55gC/(m^2·a)；双季稻年均 GPP 变化范围是 794~1150gC/(m^2·a)，平均值为 931.88gC/(m^2·a)。

江汉平原水稻 GPP 估算中，本书采用 2010 年荆州站点的物候期模拟的最大光能利用率值。但也有其他研究采用另外的方法计算最大光能利用率，如 Wang 等研究表明最大光能利用率与 EVI 和可见光反照率存在一定的关系，并对最大光能利用率进行了区域化(Wang et al.，2010a)；陈静清等从已发表的文献中搜集多个不同生态系统类型的通量站点最大光能利用率与站点所在处的最大 EVI 进行拟合，构建区域化的最大光能利用率(陈静清等，2014)。Wang 等的方法是基于中国北方地区的植被构建的区域化最大光能利用率；陈静清等的方法是基于多个不同生态系统类型构建的区域化最大光能利用率，本书以水稻作物为目标，因此未采用以上两种最大光能利用率区域化方法。

Zhang 等(2017)基于 C_3/C_4 植被类型来计算全球植被最大光能利用率，采用 VPM 估算了全球陆地生态系统 GPP(GPP_{vpm_z})。图 5.15 展示了 2000—2017 年江汉平原水稻 GPP_{vpm_z}年均值变化趋势。本书估算的江汉平原水稻 GPP 与 Zhang 等估算的 GPP 产品结果对比表明，Zhang 等估算的结果整体略微偏低。考虑到在中国南方地区，Zhang 等估算的 GPP 与实测值的验证结果 GPP_{vpm_z}存在低估的现象，因此也可在一定程度上说明本书估算结果的可靠性。

江汉平原农田水稻 GPP 存在空间分异，尤其在湖泊河流周围 GPP 较低，可能由于江汉平原地形与气候因素，“涝渍相随，旱涝并存”，政府应该加强水利基础设施建设。

研究仍然存在以下不足：基于 500m 空间分辨率的 MODIS 数据模拟的 GPP 可以表达

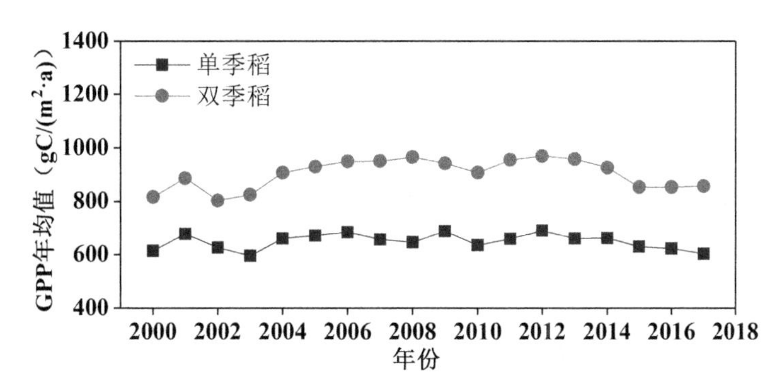

图 5.15　2000—2017 年江汉平原农田水稻 GPP_{vpm_z} 年均值变化趋势(Zhang ct al.，2017)

农田生产力的时序变化，但空间表达不够精细，后续研究中应考虑应用高空间分辨率或者基于数据时空融合技术的高时空分辨率的遥感驱动数据；影响因素分析中，只考虑与PVPM中驱动因子相关的气温、日照、降雨等气候因素，在未来的研究中应考虑将土壤类型、土壤质地、生产条件(农田施肥、灌溉和农业机械化等)和科技推广应用(化学除草等)等统计数据结合具体情况进行网格化、空间化分析，显示其对农田生产力的影响。

5.6　本章小结

本章首先基于MODIS数据对江汉平原农田单双季水稻分类信息进行提取并进行精度验证；接下来计算PVPM所需的输入参数，光合有效辐射(PAR)、光合有效辐射比例(FPAR)、最大光能利用率(ε_0)估算、温度调节系数(T_{scalar})、水分调节系数(W_{scalar})；进而基于PVPM模拟江汉平原单双季水稻的GPP，并对模拟的结果进行验证。在江汉平原区域尺度上，将遥感估算的GPP转化的碳储量与农作物产量数据转化的碳储量进行回归分析，结果表明：单季稻R^2为0.80，双季稻R^2为0.85；在县域尺度上，将遥感估算的GPP转化的碳储量与农作物产量数据转化的碳储量进行回归分析，结果表明：单季稻R^2为0.88，双季稻R^2为0.97；表明基于PVPM估算的江汉平原水稻GPP具有较高的精度。GPP与水稻产量之间的高相关性充分展现了从GPP推算农作物产量的巨大潜力。

基于MODIS数据和PVPM估算的农田水稻GPP，辅以气候、土地利用和农业统计数据，利用空间自相关分析、波动性分析、Sen趋势分析、Hurst分析方法、地理探测器模型和相关性分析方法，对2000—2017年江汉平原农田水稻GPP的时间变化趋势、空间分布、空间集聚、空间趋势和未来变化趋势特征，以及农田水稻GPP与气候因素的关系进行分析。有以下结论：

(1)时间趋势上，2000—2017 年江汉平原农田单季稻 GPP 年总量整体上趋于上升趋势，双季稻 GPP 年总量整体上趋于下降趋势，其中 2000—2002 年趋于下降趋势，2003—2013 年趋于平稳态势，2014—2017 年处于下降趋势。单季稻年均 GPP 在 2000—2001 年呈增加趋势，2001—2003 年呈下降趋势，2003—2013 年呈波动性增加趋势，2013—2017 年呈波动性下降趋势；双季稻年均 GPP 变化趋势与单季稻相似。空间分布上，单季稻高、中、低产田面积占比分别为 8.92%、79.20%和 11.88%。双季稻高、中、低产田面积占比分别为 8.37%、80.66%和 10.97%。

(2)空间聚集性上，2000—2017 年江汉平原单双季稻 GPP 均具有很强的聚集性，有明显规律的地域性分布，聚集性呈逐年加强的趋势，其中，2000—2017 年单季稻聚集性逐年加强，双季稻聚集性处于平稳状态。波动性上，江汉平原水稻 GPP 空间具有显著的波动性。空间趋势性上，江汉平原农田单季稻 GPP 显著上升地区面积占 51.52%，无显著变化区域面积占 48.07%，显著下降区域面积占 0.41%。江汉平原农田双季稻 GPP 显著上升地区面积占 46.84%，无显著变化区域面积占 52.64%，显著下降区域面积占 0.52%。

(3)未来趋势上，江汉平原农田单双季稻 GPP 的反向持续性特征要强于正向持续性特征；江汉平原农田单季稻由退化到改善的地区为 0.25%，由波动到改善的地区达 5.86%，由波动到退化的地区为 33.54%，由改善到退化的地区为 41.30%，持续改善的地区为 10.22%，持续退化的地区为 0.14%，持续波动的地区为 8.66%。江汉平原农田双季稻由退化到改善的地区为 0.31%，由波动到改善的地区达 7.55%，由波动到退化的地区为 34.00%，由改善到退化的地区为 33.83%，持续改善的地区为 13.01%，持续退化的地区为 0.19%，持续波动的地区为 11.08%。

(4)气温、日照和降雨对江汉平原农田水稻 GPP 的空间分异具有一定的影响，影响大小为：10℃积温>生长季平均气温>生长季日照时数>生长季总降雨量>生长季平均降雨量。

第 6 章　GPP 在作物遥感估产中的应用

6.1　水稻作物 GPP 遥感估算研究

6.1.1　背景

随着人口增加和土地利用的急剧变化所带来的严重压力，粮食安全成为可持续发展面临的重大挑战之一。根据 2019 年 FAOSTAT 的数据，水稻是全球 12%以上耕地面积的主要粮食和食物来源(Elert，2014)，并且中国是世界上最大的稻谷生产国和消费国。及时准确地估算粮食产量，对于制定适当管理和分配食物供应的政策和决策、减少粮食安全威胁具有重要意义。

农田生态系统 GPP 是种植作物同化的总碳量和有用生物量生产的驱动力(Xue et al.，2017)。由于 GPP 能够量化一段时间内通过植被光合作用产生的总能量或生物量(Spielmann et al.，2019)，因此可以通过 GPP 评估农业生态系统的生产力，以了解其以粮食产品或作物产量的形式捕获能量(碳)的作用。追踪农业生态系统 GPP 的区域波动将有助于深入了解农业生产与气候变化的相互作用。

GPP 可以通过涡动相关(EC)方法获取的白天净生态系统交换(NEE)和生态系统呼吸(ER)之间的差值而间接计算。EC 技术已用于观测通量塔点上不同生物群落在短期和长期时间尺度(小时、天、季节和年)内大气和陆地表面之间 CO_2的 NEE(Wilson and Baldocchi，2001)。不同大陆的 CO_2通量塔站点的通量观测数据已充分证实了 EC 方法在量化整个生态系统对气候变化响应方面的潜力(Cansino et al.，2015；Knox et al.，2015；Ren et al.，2014；Wagle et al.，2015b)。然而，随着全球化背景下粮食需求的增加，仍需要对区域尺度水稻 GPP 估算及其时空动态变化进行进一步研究。

随着在全球范围内遥感重复观测的发展，以及卫星数据的便捷获取，为同步通量观测提供了机遇，有力地支持了基于遥感技术的 GPP 估算模型的开发，并将碳通量从站点扩大到区域乃至全球尺度。近年来，人们开发了一系列用于估算陆地生态系统 GPP 的光能利用率模型(LUE)，又称生产效率模型(Production Efficiency Model，PEM)。这些基于卫星的模型建立在一种假设上，即植被 GPP 与通过由遥感数据的植被指数(VI)和气象数据共同驱动的 LUE(Nichol et al.，2000；Potter et al.，1993a；Yuan et al.，2007b)吸收的光合有效辐射(APAR)有直接相关性(Monteith，1972；Monteith，1977a)。GPP 作为光合有效辐射(APAR)和光能利用率(ε)($GPP = APAR \times \varepsilon$)的产物，由这些模型估算而来。早期的 LUE 模型研究使用植被冠层吸收的光合有效辐射(FPAR)的比例($FPAR_{canopy}$)来估计 $APAR_{canopy}$($APAR_{canopy} = PAR \times FPAR_{canopy}$)，$FPAR_{canopy}$ 利用可以从光学遥感图像中获得的植被指数来估算(Potter et al.，1993a；Zhao et al.，2005a)。LUE 模型包括 GloPEM 模型(Prince and Goward，1995)、CASA 模型(Potter et al.，1993a)和 PSN 模型(Running et al.，1999；Turner et al.，2005)等。由于叶绿素吸收的 FPAR 比例($FPRA_{chl}$)有助于植被的光合作用，理论上使用 $FPAR_{chl}$ 估算 GPP($GPP = PAR \times FPAR_{chl} \times \varepsilon$)更为合理(Sims et al.，2006；Wu et al.，2010a；Xiao et al.，2004a；Zhang et al.，2009)。VPM 是第一个基于 LUE 并使用 $FPAR_{chl}$ 来估计森林 GPP 的模型(Xiao et al.，2004c)。

已有利用 VPM 对小麦、玉米、水稻和大豆等全球广泛分布的作物 GPP 进行的大量研究(Kalfas et al.，2011a；Wagle et al.，2015a)，展现了其在各种 CO_2 通量观测站点上模拟 GPP 的综合能力(Wu et al.，2018)。最近的研究表明：2000—2017 年间中国东北地区的水稻面积、基于 VPM 模拟的 GPP 和粮食产量都有较大的增长(Xin et al.，2020)。然而，根据中国国家统计局的统计数据和之前的相关研究，从 2000 年到 2015 年，中国南方的水稻面积已经在减少。随着经济(工业化、基础设施建设和城市化)的快速发展，中国南方的水稻种植面积严重下降(Geng et al.，2017；Jiang et al.，2012)，面对粮食安全的挑战，GPP 如何变化成为一个亟待解决的问题。此外，相比于中国东北地区以单季稻为主(Zhang et al.，2016)，中国南方地区的农田则以双季稻(早稻和晚稻)和单季稻两者为主(He et al.，2021；Joiner et al.，2018；Shan et al.，2021)。据我们所知，对华南地区长时间序列的 GPP 模拟与评估仍然是 GPP 和粮食生产研究的一个空白。

湖北省是典型的单双季稻种植区域，中国国家统计局 2018 年的数据(http：//www. stats. gov. cn/tjsj/ndsj/2019/indexch. htm)显示，其水稻种植面积和水稻产量均居华南地区第三位。它拥有多样化的地貌，中部和南部为漫滩，西部、东北部和东南部为山区。湖北属于亚热带湿润气候，四季分明。夏季炎热潮湿，7 月平均温度为 24～30℃；而冬季寒冷，1 月平均温度为 1～6℃。年平均降雨量在 800～1600 毫米。2015 年粮食种植面积约为 478 万公顷，其中近一半为水稻，占湖北省面积的四分之一以上。

本研究旨在更好地量化 2000—2015 年湖北省水稻 GPP 的时空变化和潜力，并试图通过探索种植频率与年 GPP 的关系来揭示水稻的可持续发展。首先，根据前人的研究得出水稻面积，并与农业统计年鉴报告中的种植面积进行比较。其次，利用VPM估算年GPP，并在市级尺度上分析GPP的年际变化趋势。研究水稻种植年份与GPP的关系，以揭示该地区现行耕作方式下的耕地生产潜力。最后，在市级尺度上探讨水稻年GPP与年粮食产量之间的关系，并评估利用VPM模拟的年GPP作为估计中国南方稻米年产量的潜力。

6.1.2 研究数据

1. MODIS植被指数

美国宇航局Terra卫星上的MODIS传感器于1999年12月发射。本章使用MODIS官网提供的500m空间分辨率、8天时间分辨率的陆地表面反射率产品(MOD09A1)。MOD09A1已经进行了几何校正、大气校正及去云处理(Huete et al.，2002；Justice et al.，2002)。根据湖北省的地理位置信息，从MODIS栅格数据(h27v05，h27v06，h28v05和h28v06)中提取2000—2015年的地表反射率时间序列图像和质量标志。利用蓝色波段(459~479nm)、红色波段(620~670nm)、近红外波段(841~875nm)和短波红外波段(SWIR，1628~1652nm)的8天综合地表反射率数据计算植被指数。增强植被指数(EVI)(Huete et al.，1997)和地表水体指数(LSWI)(Xiao et al.，2002)的计算方法如下：

$$\mathrm{EVI} = \frac{2.5 \times (\rho_{\mathrm{NIR}} - \rho_{\mathrm{Red}})}{\rho_{\mathrm{NIR}} + 6 \times \rho_{\mathrm{Red}} - 7.5 \times \rho_{\mathrm{Blue}} + 1} \tag{6.1}$$

$$\mathrm{LSWI} = \frac{\rho_{\mathrm{NIR}} - \rho_{\mathrm{SWIR}}}{\rho_{\mathrm{NIR}} + \rho_{\mathrm{SWIR}}} \tag{6.2}$$

尽管MOD09A1包含了消除大气和云层影响的8天复合周期内的最佳观测数据，但产品中受外部因素影响的无效或有噪声观测数据不可忽视。根据数据集中的质量标志层检测这些异常观测数据。例如根据早期的研究报告(Xiao et al.，2004a)，质量较差的数据被其前后相邻数据的线性插值所取代，并使用Savitzky-Golay filter (Savitzky and Golay，1964)进行平滑处理，该滤波可用于降低遥感植被指数重建时间序列的随机噪声。

2. 水稻种植面积数据

本章采用2000—2015年空间分辨率为1km的水稻种植面积数据(Luo et al.，2020)(https：//doi. org/10. 6084/m9. fgshare. 8313530)和来源于中国科学院资源与环境科学研究中心(http：//www. resdc. cn/Default. aspx)(Peng et al.，2014)的空间分辨率为1km的中国多时期土地利用遥感监测数据集(CNLUCC)。根据基于2000—2015年MODIS改进型LAI

数据集(GLASS LAI)的三个关键物候期(返青期、出苗期和植被期)、由三个物候期决定的季节开始(SOS)和季节结束(EOS)来提取水稻面积(Xiao et al., 2013)。将水稻物候预测数据与全国范围内的地面观测数据进行比较，结果表明，反演和观测数据间的 R^2 为 0.98，RMSE 为 5.3 天(Luo et al., 2020)。

根据 2000—2015 年作物物候数据集可知，湖北省以单季稻为主，双季稻面积较小，这与 Yan 等人给出的 2019 年的作物种植强度研究结果基本一致(Yan et al., 2019)。早稻和单季稻数据集整合在一个图层，而晚稻数据集则整合在另一个图层(Luo et al., 2020)。为了保证 GPP 估算的准确性，利用中国国家统计局公布的耕地面积数据，对 2000—2015 年湖北省水稻种植面积数据进行了评估。

3. 气象数据

驱动 VPM 的气象数据包含每日平均温度和每日日照时长。这些数据来源于 2000—2015 年湖北省的 28 个气象站。总日照时长计算太阳总辐射的方法采用 AngstrOm-Prescott (A-P)方法(Angstrom, 1924)。1998 年，FAO 将 A-P 太阳辐射估算方法作为计算蒸散发的标准程序(Allen et al., 1998)。A-P 法中使用的经验系数来自前人的研究(Zuo et al., 1963)。首先，将 PAR 估计为总太阳辐射的 45%(Meek et al., 1984a)。其次，利用 ANUSPLIN 软件中的(Hutchinson and Livingston, 2002)薄板样条平滑算法(以 ASTER GDEM 为协变量)对 8 天的平均温度和 8 天的 PAR 进行插值，生成空间分辨率为 500m 的气象栅格图像，以匹配 MODIS 图像的像素大小。

4. 2000—2015 年的农业统计数据

2000—2015 年湖北省的水稻面积和水稻产量数据集来自国家农业统计报告(http://data.stats.gov.cn/)。此外，为了评估更小尺度的 GPP 估算结果(部分年份的统计数据受数据访问政策限制)，还收集了湖北省部分年份的市级水稻产量。以往的研究表明，作物粮食产量的碳含量在 45%左右(Lobell et al., 2003)。因此，本书将粮食产量的碳含量($gC \cdot a^{-1}$)计算为粮食产量($t \cdot a^{-1}$)的 0.45，从而分别在省、市两级规模上评估水稻年 GPP 和年粮食产量之间的关系。

6.1.3 研究方法

1. 基于 VPM 的 GPP 估算

假设植被冠层由具有光合作用的植被(大部分叶绿素)和非光合作用的植被组成，仅利用冠层的叶绿素成分进行光合作用，建立 VPM，以叶绿素吸收的光合有效辐射量(PAR)($APAR_{chl}=FPAR_{chl}\times PAR$)与光能利用率的乘积来估计植被光合活性期的总初级生产力(Xiao et al.，2004c)。VPM 的描述如下：

$$GPP=\varepsilon_g\times FPAR_{chl}\times PAR \tag{6.3}$$

式中，PAR 为光合有效辐射(μmol 光合作用光子通量密度，PPFD)；ε_g 为 GPP 的光能利用率(μmol CO_2 μmol $PPFD^{-1}$或 gCmol $PPFD^{-1}$)。利用 EVI 的线性函数(式(6.4))计算植被光合活性期内的 $FPAR_{chl}$，系数 α 设为 1.0(Xiao et al.，2004c)：

$$FPAR_{chl}=\alpha\times EVI \tag{6.4}$$

光能利用率受温度、水的影响，可表示为下式：

$$\varepsilon_g=\varepsilon_0\times T_{scalar}\times W_{scalar} \tag{6.5}$$

式中，ε_0 为表观量子产率或最大光能利用率。生态系统水平的 ε_0 值可以通过分析 CO_2 的净生态系统交换(NEE)和 CO_2涡度通量塔站点的入射 PAR(μmol · m^{-2} · s^{-1})获得，也可以使用直角双曲函数或从文献中获得。在本章中，根据 Huang 等人的实验，将 ε_0 设定为 0.43gC · mol · $PPFD^{-1}$(Huang et al.，2021)。基于中国荆州通量塔站点 2010 年、2013 年和 2018 年水稻关键物候期的每半小时的 NEE 和入射 PAR 的分析，利用直角双曲函数估计 ε_0。该站点位于湖北省中部，是国家农业气象观测网的重要组成部分，与湖北省大部分水稻区的种植方式相同。T_{scalar}和 W_{scalar}分别是温度和水对植被光能利用率影响的胁迫系数。温度对光合作用的影响(T_{scalar})由陆地生态系统模型(Raich et al.，1991a)开发的方程估算得到：

$$T_{scalar}=\frac{(T-T_{min})\times(T-T_{max})}{(T-T_{min})\times(T-T_{max})-(T-T_{opt})^2} \tag{6.6}$$

式中，T_{min}、T_{max} 和 T_{opt} 分别为光合作用的最低、最高和最适温度。在本章中，T_{min} 和 T_{max} 分别被设定为 0℃(植物冷害)和 48℃(植物热害)，这两个值来自站点尺度下水稻 GPP 估算的文献(Xin et al.，2017c)。最适温度(T_{opt})定义为生长季节的长期平均温度，该定义基于植物在正常温度下有效生长的概念(Sellers et al.，1992)，根据 Huang 等人(2021)的研究，水稻的最适温度被设定为 27.1℃。如果气温低于 T_{min}，则设置 T_{scalar}为 0。水分对植物光合作用的影响(W_{scalar})由式(6.7)中的卫星地表水体指数估算得到：

$$W_{scalar}=\frac{1+LSWI}{1+LSWI_{max}} \tag{6.7}$$

式中，$LSWI_{max}$是根据 MODIS 数据的 LSWI 季节动态分析得到的每个像元内植被生长季的最大LSWI。将作物生长季节内的LSWI最大值作为$LSWI_{max}$的近似值(Xiao et al.，2004c)。

通过整合2000—2015年的每个像素在其生长期(SOS和EOS之间)内每8天的GPP来估算水稻GPP。在给定的8天内，SOS的第一天和EOS的最后一天的位置决定了有多少个8天的数据用于GPP估算。鉴于SOS开始时的GPP较低，EOS结束时GPP相对较高，生长季作物GPP估算的处理参考以下标准：①如果SOS的第一天位于给定8天的前半部分，则该8天的GPP计入总GPP；②如果SOS的第一天位于给定8天的后半部分，则该8天的GPP将排除；③无论EOS的最后一天在一个8天中的位置如何，都计算该8天的GPP。

2. 2000—2015年水稻面积的时空动态和水稻年GPP的年际变化

利用2000—2015年的水稻年分布图，对湖北省水稻种植面积的时空动态进行定量分析。首先，统计每年的水稻像元数，计算出水稻面积的年际变化。然后，将2000—2015年的水稻年分布图叠加生成该省水稻的年频率图(水稻种植年数，NYPR)。其中，频率值为16表示2000—2015年期间连续种植的稻田，频率值为1~15代表非连续种植的稻田。此后，为了监测和评价水稻在不同空间尺度的长时间序列中的GPP变化，采用简单线性回归模型($GPP = a \times Year + b + error$)计算2000—2015年中国水稻年GPP在像素尺度上的年际变化趋势，并将其整合到市级尺度和省级尺度上。最后，计算2000—2015年作为水稻面积的年数与相应年平均GPP之间的皮尔逊相关系数(R)，探讨GPP与种植频率之间的总体关系。

3. 2000—2015年水稻年度GPP与粮食产量的关系评估

为了全面了解基于卫星的VPM估算的GPP在粮食产量评估中的潜力，采用简单线性回归模型来评估2000—2015年中国市级和省级水稻年GPP和粮食产量(GP)之间的关系。该模型可以用一个简单的方程式表示：$GP = GPP \times HIGPP$，其中，HIGPP为收获指数，定义为粮食产量与GPP之间的比值(Xin et al.，2020)，它不同于广泛使用的HI，后者被定义为粮食产量与地上生物量之比($GPP = GPP \times HI_{AGB}$)或粮食产量与净初级生产力之比($GPP = GPP \times HI_{NPP}$)(Lobell et al.，2002)。由于本章仅从湖北省农业统计报告中获得了部分城市的水稻产量，因此选取了连续5年以上的水稻产量记录，以减少在调查年度GPP与水稻产量的关系时数据的不确定性。

6.1.4 研究结果

1. 2000—2015年水稻种植面积的空间变化情况

2000—2015年水稻种植面积的空间分布格局(图6.1)说明了这16年中水稻种植面积的空间变化。密集种植区位于湖北省的中部和南部(该地区被称为江汉平原)，以及北部和东部的部分地区。长江和汉江，以及两条主要河流形成的一些支流或湖泊为这些地区提供了有利的生长条件。在市级尺度上，2000—2015年每单位土地(km^2)的水稻平均种植面积(ha)具有很大的空间异质性，如图6.2所示，湖北省中部地区的数值较高($>15ha/km^2$)，湖北省西部地区的数值较低($<5ha/km^2$)。湖北省各地水稻面积的标准差(SD)各不相同，较大的SD多位于单位土地水稻面积值较高的城市(图6.2)。

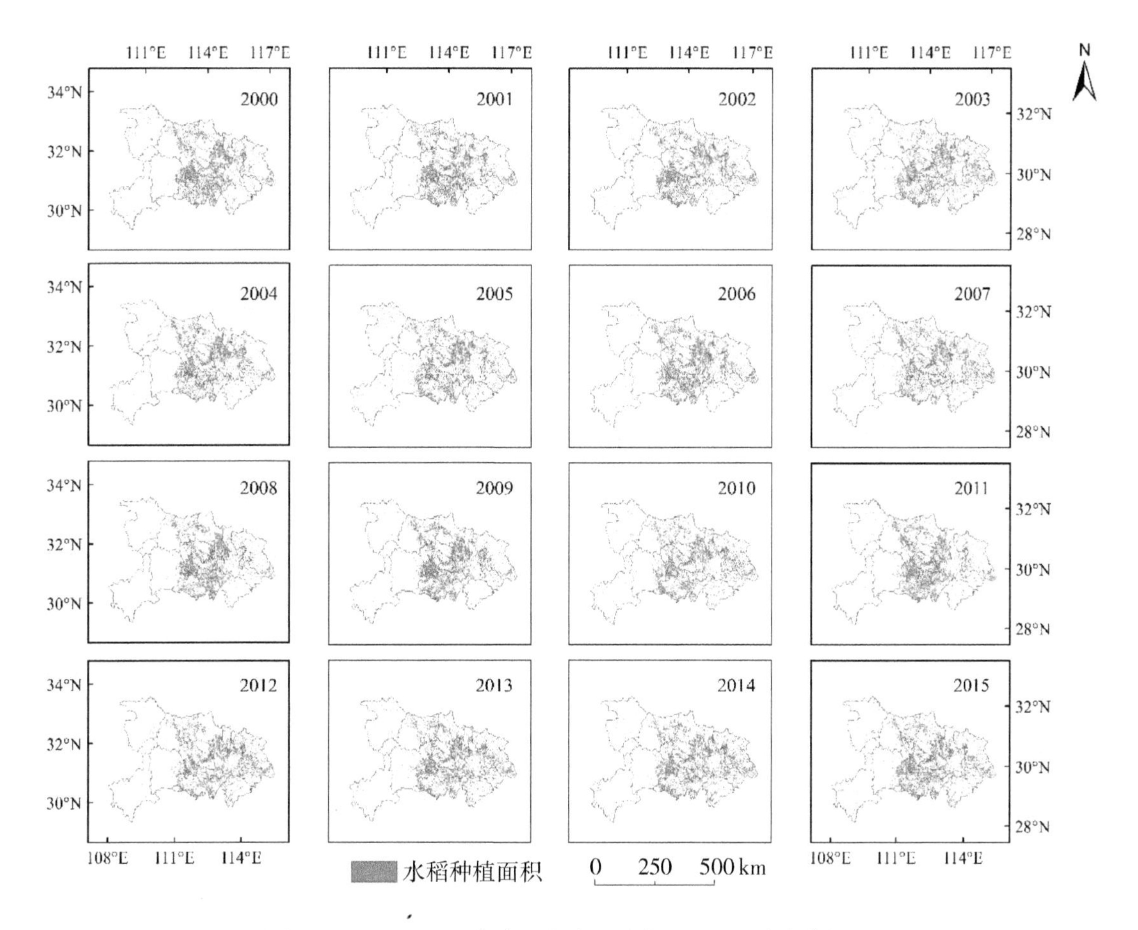

图6.1 2000—2015年湖北省水稻种植面积空间分布特征

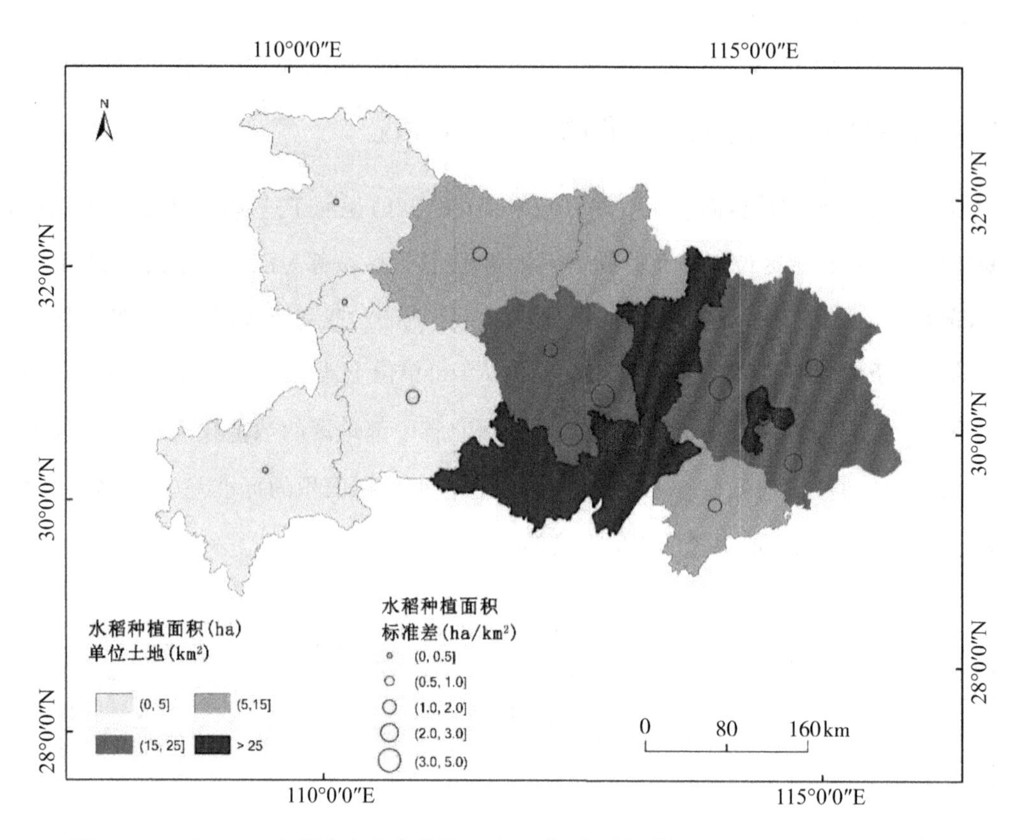

图6.2　2000—2015年湖北省各市单位土地(km²)水稻年种植面积(ha)的平均值和标准差

湖北省水稻种植面积从2000年的2.11×10⁶ ha到2015年的2.25×10⁶ ha(图6.3)，变化非常小。2000—2003年水稻的种植面积急剧减少，2003—2006年迅速恢复到2000年的种植面积。该地区的工业化和城市化(Li et al.，2012)，以及水产养殖区的快速发展是导致其显著下降的部分原因(Si et al.，2017)。预测水稻面积的统计数据显示，2000—2003年水稻面积减少约0.21×10⁶ ha，同期水产养殖面积增加约0.10×10⁶ ha，相当于水稻面积减少的一半。水稻面积从2003年的1.85×10⁶ ha迅速提高到2006年的2.12×10⁶ ha。其主要原因是严格的耕地管理政策和这一时期水产养殖面积的减少。将预测的水稻面积与2000—2015年国家农业统计报告中的农业统计数据进行比较(图6.4)，结果显示，这两个数据集在省级范围内有很强的线性关系(R^2=0.99，p<0.001)。

2. 2000—2015年水稻GPP的空间动态变化

图6.5为2000—2015年水稻GPP的空间动态。16年间，GPP大于1000gC·m^{-2}·a^{-1}

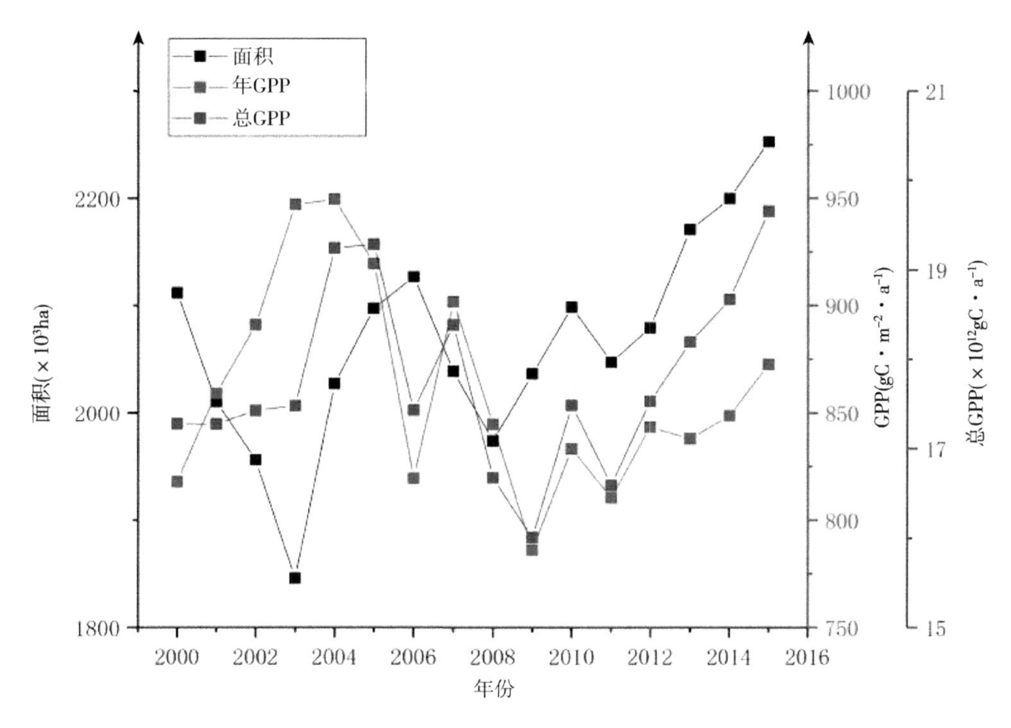

图 6.3　2000—2015 年水稻种植面积、年均 GPP 和年总 GPP 变化趋势

（实线连接的黑色方块表示水稻种植面积，实线连接的红色方块表示年 GPP，实线连接的蓝色方块表示总 GPP。）

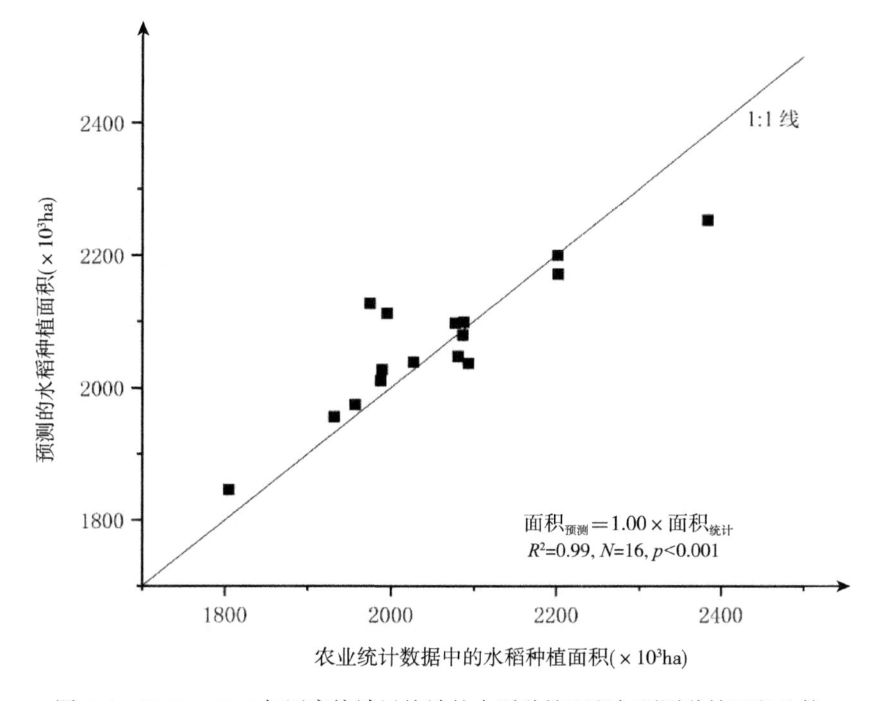

图 6.4　2000—2015 年国家统计局统计的水稻种植面积与预测种植面积比较

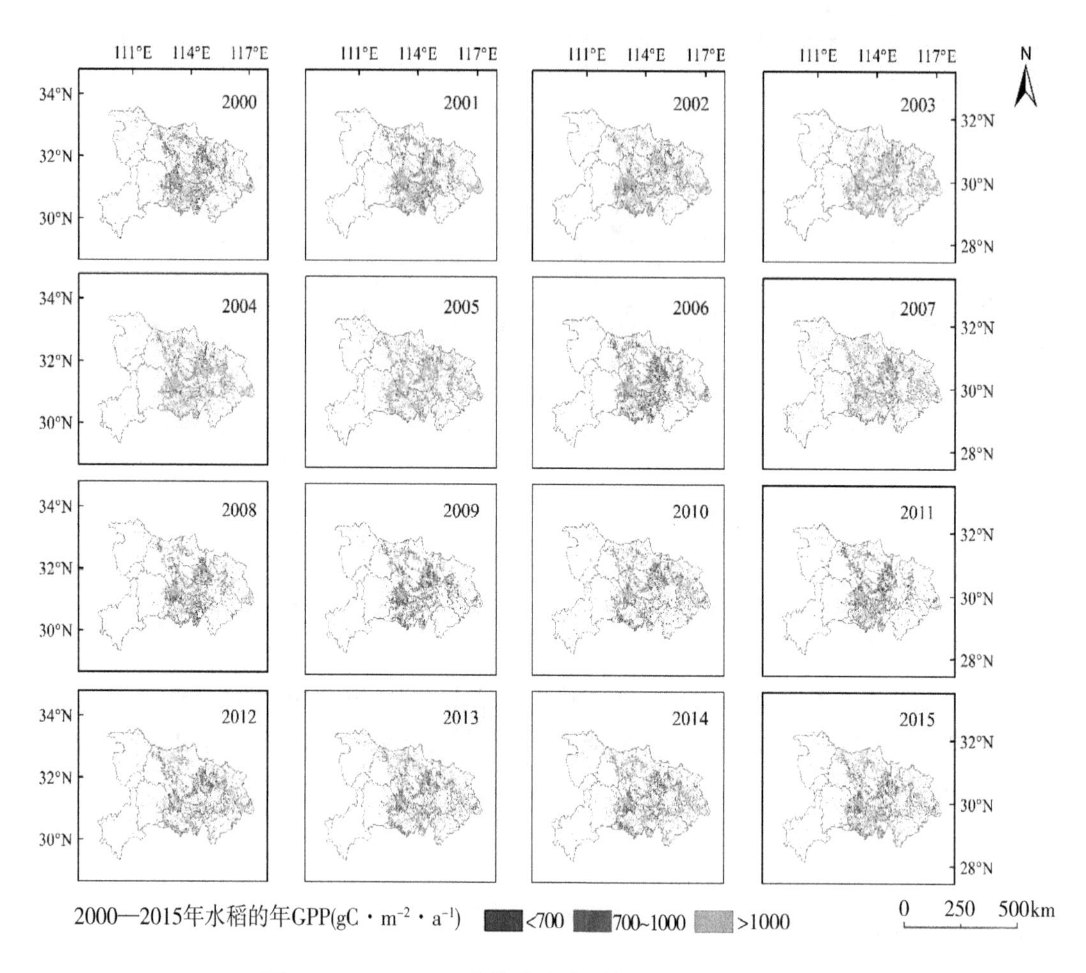

图 6.5　2000—2015 年湖北省水稻年 GPP 时空分布

的区域主要分布在湖北省中部和南部，而 GPP 小于 $700gC \cdot m^{-2} \cdot a^{-1}$的区域一般分布在湖北省西北部和东北部。从省级尺度的年 GPP 来看(图 6.6)，从 2000 年的 $817.84gC \cdot m^{-2} \cdot a^{-1}$到 2004 年的 $949.43gC \cdot m^{-2} \cdot a^{-1}$，5 年中平均年增长率为 $35.12gC \cdot m^{-2} \cdot a^{-1}$。然而，从 2004 年到 2009 年，水稻的年 GPP 从 2004 年的 $949.43gC \cdot m^{-2} \cdot a^{-1}$急剧下降到 $786.03gC \cdot m^{-2} \cdot a^{-1}$，平均年下降率为 $27.42gC \cdot m^{-2} \cdot a^{-1}$。GPP 从 2010 年开始恢复增长，在 2009—2015 年年均增长率为 $11.33gC \cdot m^{-2} \cdot a^{-1}$。在市级尺度上，2000—2004 年和 2009—2015 年 GPP 的增长，以及 2004—2009 年 GPP 的下降与省级尺度上的 GPP 变化基本一致(表 6.1)。

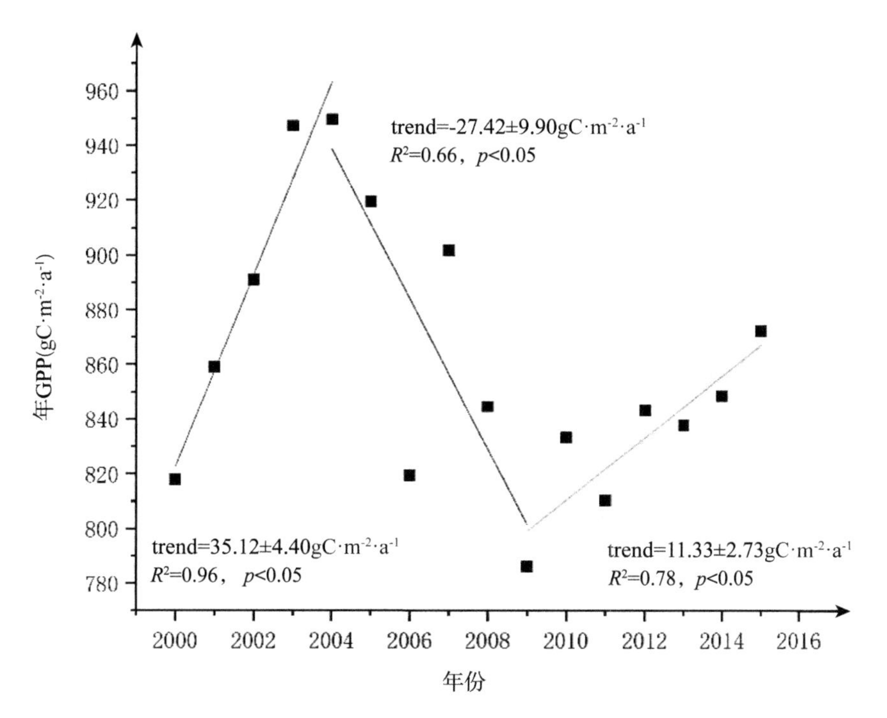

图 6.6　2000—2015 年湖北省年 GPP 趋势分析

注：基于普通最小二乘回归计算趋势(斜率±标准误差)

表 6.1　湖北省各市年 GPP 变化趋势分析

市级名称	趋势±SD($gC \cdot m^{-2} \cdot a^{-1}$)	R^2	p 值
鄂州	57.78±18.42	0.77	<0.05
	−54.68±18.55	0.68	<0.05
	28.09±19.63	0.29	0.04
黄冈	57.69±18.34	0.77	<0.05
	−40.55±16.76	0.59	0.07
	23.94±7.53	0.67	<0.05
黄石	82.92±25.53	0.78	<0.05
	−67.78±28.04	0.59	0.07
	42.58±14.55	0.65	<0.05
荆门	36.38±10.73	0.79	<0.05
	−31.08±8.42	0.77	<0.05
	9.33±3.79	0.55	0.06

续表

市级名称	趋势±SD($gC \cdot m^{-2} \cdot a^{-1}$)	R^2	p 值
荆州	43. 4±7. 61	0. 92	<0. 05
	−49. 97±15. 04	0. 73	< 0. 05
	10. 53±5. 58	0. 42	0. 12
潜江	39. 24±8. 76	0. 87	<0. 05
	−39. 86±11. 15	0. 76	<0. 05
	13. 07±6. 52	0. 45	0. 10
十堰	56. 04±19. 18	0. 74	0. 06
	−23. 53±18. 36	0. 29	0. 27
	24. 99±13. 33	0. 41	0. 12
随州	38. 93±20. 40	0. 55	0. 15
	−15. 21±8. 04	0. 47	0. 13
	15. 57±5. 65	0. 60	<0. 05
天门	33. 97±16. 83	0. 58	0. 14
	−45. 28±18. 24	0. 61	0. 07
	13. 03±6. 78	0. 43	0. 11
襄阳	44. 46±10. 18	0. 86	<0. 05
	−9. 57±18. 05	0. 07	0. 62
	10. 17±5. 11	0. 44	0. 10
咸宁	56. 13±24. 85	0. 63	0. 11
	−38. 16±20. 04	0. 48	0. 13
	30. 66±6. 80	0. 80	<0. 05
仙桃	42. 00±8. 66	0. 89	<0. 05
	−35. 50±14. 38	0. 60	0. 07
	9. 19±1. 93	0. 82	<0. 05
孝感	33. 06±14. 61	0. 63	0. 11
	−31. 73±14. 38	0. 55	0. 09
	14. 91±5. 17	0. 62	<0. 05
宜昌	35. 49±7. 66	0. 88	<0. 05
	−41. 61±9. 72	0. 82	<0. 05
	9. 13±5. 10	0. 39	0. 13

2000—2015年，湖北省年总GPP与年均GPP的变化趋势大致相似(图6.3)。2000—2003年GPP略有增加。2009年GPP总量的大幅下降主要是受当年夏季极端高温的影响(Yuan et al.，2010)。2009年以后，总GPP的变化趋势与年度GPP和水稻种植面积的变化趋势一致，说明水稻种植面积的增加是年总GPP提高的主要因素之一。

将2000—2015年水稻的种植频次(NYPR)作为水稻的年数，16年以来各NYPR的年平均GPP如图6.7所示。2003—2005年，当NYPR>8时，年均GPP值较高。将所有在1~15年内种植过水稻的像素点合并为非连续种植的水稻图，并估算出每年所有像素点的年平均GPP。年均GPP热力图显示，当NYPR等于10~15时，连续种植16年的水稻(NYPR=16)的GPP没有明显高于非连续种植水稻的GPP。非连续种植水稻的年均GPP(890.51gC·m^{-2}·a^{-1})小于连续种植16年的水稻的年均GPP(981.27gC·m^{-2}·a^{-1})。两种水稻年均GPP的差异表明，湖北省水稻连续种植田较非连续种植田更容易接受持续良好的水肥管理，从而缓解旱涝对水稻的影响。

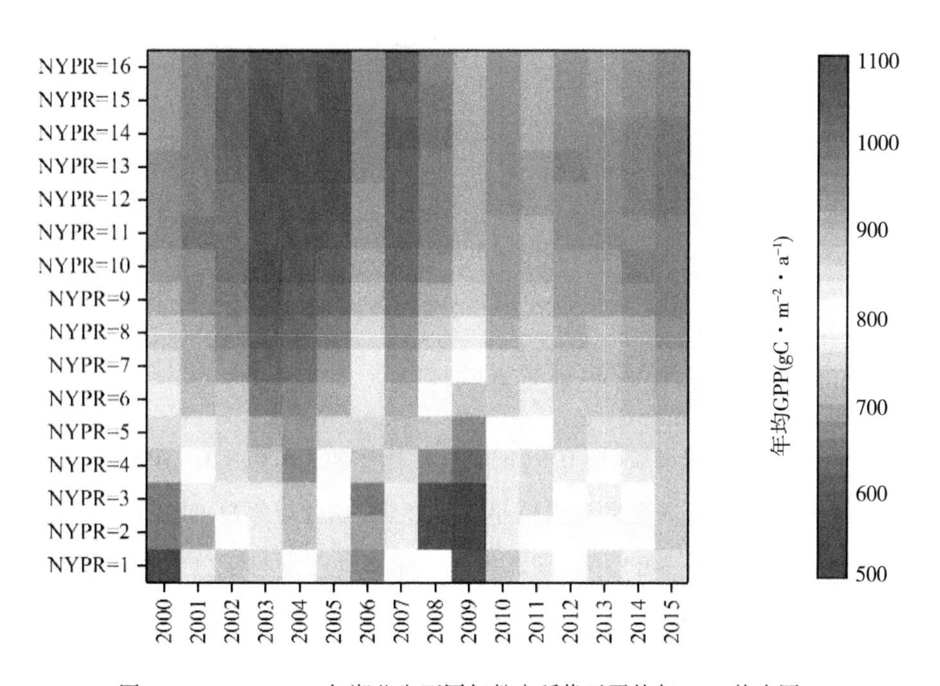

图6.7 2000—2015年湖北省不同年份水稻像元平均年GPP热力图

为了探讨湖北省水稻种植频次(NYPR)和年均GPP之间的相关性，我们计算了2000—2015年湖北省水稻种植频率与水稻年均GPP之间的皮尔逊相关系数。结果显示，湖北省北部的汉江两岸与湖北省南部长江沿岸的部分地区(位于荆州市辖区北部)均呈正相关关系(图6.8)。荆州以南、宜昌东南部、荆门西南部的汉江与长江之间地区(称为荆江流域)均呈负相关关系。荆江流域由于河道改造(Xia et al.，2016)、湖泊蓄水变化(Cai et al.，2016)和分洪区的调整(Li et al.，2018)导致水稻种植面积频繁变化，这可能是影响水稻种植频次与水稻年均 GPP 皮尔逊相关系数的主要原因之一。

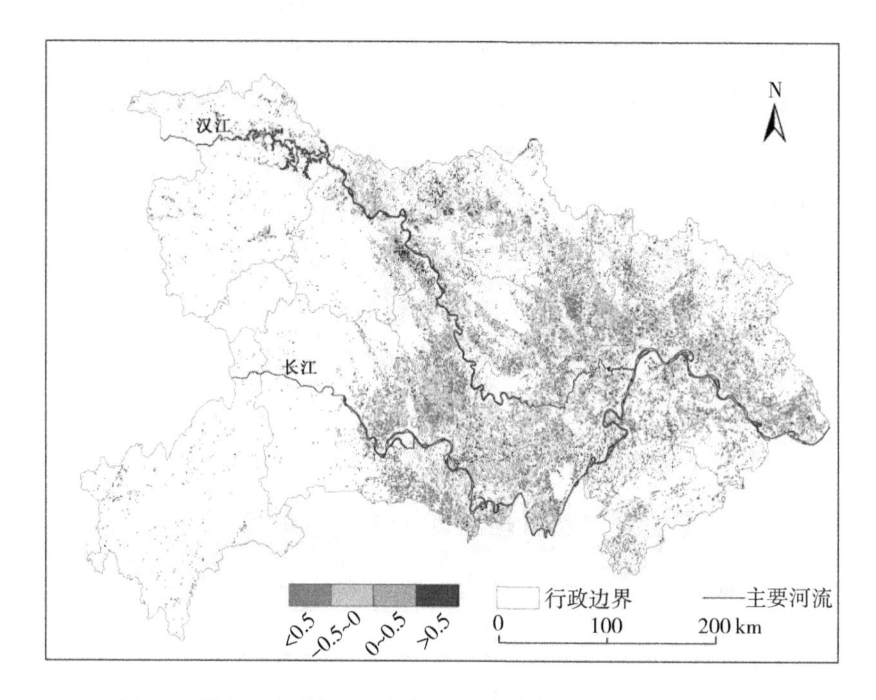

图 6.8　湖北省水稻年份与年均 GPP 的皮尔逊相关系数空间布局

3. 水稻年度 GPP 与粮食产量关系的评估

在省级(图 6.9(a))和市级(图 6.9(b))尺度上考察了水稻年总 GPP 和年粮食产量之间的关系。收获指数(HI_{GPP})定义为水稻年粮食产量(GP)与年总 GPP(GPP)之间的比值($GP=GPP\times HI_{GPP}$)。2000—2015 年，湖北省水稻年粮食产量与年总 GPP 之间的模拟线性回归模型的 HI_{GPP}(为斜率值)为 0.36。将 8 个市 91 年的农业统计数据中的水稻生产记录与相应的年度总 GPP 进行比较。结果表明，不同城市间的 HI_{GPP} 在 0.32~0.42 之间变化。以往的研究表明，HI_{GPP} 在不同作物类型中存在差异。例如，He 等人发现在 2008—2015 年美国蒙大拿州的小麦、玉米、大麦、豌豆和紫花苜蓿的县级 HI_{GPP} 为 0.24~0.55(He et al.，2018)。在水稻方面，Xin 等人的研究表明，中国东北地区水稻 HI_{GPP} 为 0.35，黑龙江省为 0.34，辽宁省为 0.33，吉林省为 0.41(Xin et al.，2020)，这三个省都在中国的东北地区。最新研究表明，中国河南省小麦和玉米的 HI_{GPP} 分别为 0.31 和 0.33(Xie et al.，2020)。与以往研究中县级旱地作物或省级水稻的年总 GPP 与年粮食产量之间的统计学意义相比，本研究明确表明，这种关系在市级尺度上也很突出，基于 VPM 模型的 GPP 是预测中国水稻年粮食产量的另一种数据来源。

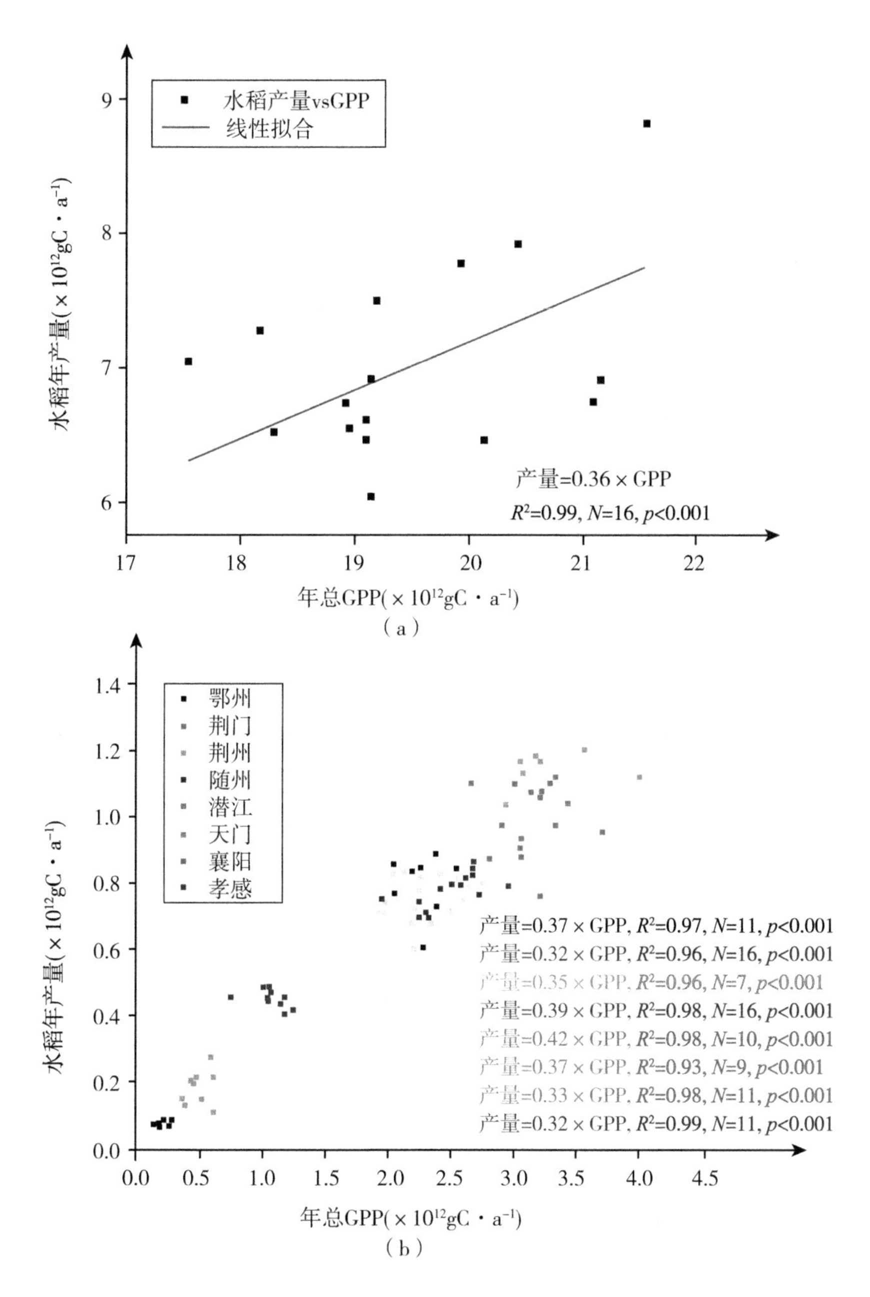

图 6.9 2000—2015 年湖北省(a)及湖北省 8 个直辖市(b)的水稻年 GPP 总量与水稻年粮食产量的关系

4. 水稻 GPP 估算中的局限性和挑战

根据近 20 年的农业统计报告(http：//data. stats. gov. cn/)，水稻是湖北省种植面积最大的粮食作物。在中国南方快速城市化的背景下，水稻区域 GPP 估算的研究对于评估长时间序列的水稻种植对粮食产量的影响具有重要意义。基于 VPM 的水稻 GPP 估算值与 2000—2015 年农业统计数据中的水稻粮食产量吻合。由于本书中是使用遥感数据和气象数据来驱动 VPM 的，因此 GPP 的估算存在一些潜在误差来源。首先，水稻地图来自 GLASS LAI 数据集，该数据集使用从光谱波段提取的时间序列植被指数来估计物候期。在水稻制图中，这些数据通常受云层、大气条件及混合像元等许多因素的影响。对基于物候学的算法的改进和对混合像素分解方法的改进，将为 GPP 估算提供更精确的水稻地图。其次是气象数据的处理，包括 PAR 和温度，这些数据均来自气象站。如何插值特定站点的气象数据生成气象栅格图像仍然是一个备受争议的研究课题(Donat et al. , 2013)。最后，研究中使用的物候期可以通过整合地面观测数据和其他作物物候期的多种检测算法来改进。众所周知，从其他间接方法提取的田间观察数据和物候学相机的记录一直被认为是用于评价作物物候学的真实数据。然而，地面观测是一种基于站点的数据，在大空间尺度下应用时需要插值。另外，从遥感图像中提取的时间序列植被指数提供了关于作物物候的全部信息，如不同生物群落在生长季节的 SOS 和 EOS(Wang et al. , 2021)。然而，由于算法的适应性、物种的多样性和其他因素的影响，特定生物群落的物候学估计仍然存在很大差异(Wu et al. , 2017)。在进一步的研究中，地面观测和深度学习方法的结合可能是描述区域尺度上农作物物候学的先进工具(Xu et al. , 2020)。最后，VPM 中的驱动参数，如最大 LUE 和最适温度，在同一生态系统的不同地区可能有所不同(Fei et al. , 2019；Xiao et al. , 2011b)。一般来说，最大 LUE 是基于对通量塔站点在生长旺季或整个生长季的半小时 NEE 和入射 PAR 数据的分析(Still et al. , 2001)。湖北省的水稻通量塔站点数量有限，而荆州站点是唯一一个以稻田为主的田间站点。以往的研究利用荆州站点的通量数据探讨了水稻最大 LUE 的变化，并与其他水稻通量塔站点得出的最大 LUE 进行了比较，结果表明其在 GPP 估算中具有较好的适应性。事实上，根据不同的主要水稻种植区的研究，每个水稻通量塔站点的最适温度是特定的(Xin et al. , 2020)，而且在水稻的不同物候期也存在差异(Huang et al. , 2021)。因此，研究采用荆州站点地面观测得到的最大 LUE 和温度参数。

6.2 小麦-玉米作物 GPP 遥感估算研究

6.2.1 背景

粮食安全受到人口增长和环境变化的持续压力，这是对可持续发展的巨大挑战(Mc Carthy et al., 2018)。及时、准确地估计粮食产量，有助于制定有依据的政策和决策，以充分管理和分配粮食供应，从而减少粮食安全威胁。由于总初级生产力(GPP)用于量化在一定时间内通过植被光合作用产生的能量或生物质总量(Spielmann et al., 2019)，农业生态系统的生产力是了解其以食品形式捕获能量(碳)作用的关键，例如农业产量。农田生态系统 GPP 是土地生产力的代表(Ma et al., 2020)，是种植作物吸收的总碳量和有用生物量生产的驱动因素。

通过调查获取区域粮食生产信息是目前较为流行的方法，但其成本较高，且存在不确定性(Gallego and Delincé, 2010)。另外，利用遥感数据估计的作物产量或作物 GPP 已在不同的管理实践中广泛应用。小麦、玉米、水稻、大豆和油菜籽等全球广泛分布作物的 GPP 在许多研究中得到了广泛的应用(Kalfas et al., 2011b; Sánchez et al., 2015; Wagle et al., 2015b; Xin et al., 2020; Kalfas et al., 2011; Sanchez et al., 2015; Wagle et al., 2015; Xin F et al., 2020)。涡度相关通量塔可以间接推导出 GPP，即白天生态系统净交换(NEE)和生态系统呼吸之间的差异。尽管世界各地不同生物群落中的涡度相关通量塔数量的增加提供了对 GPP 区域差异的认识(Baldocchi et al., 2001)，但随着粮食需求的增长，迫切需要在区域尺度上估算农田 GPP 及其时空动态变化。

在现有的基于卫星的估算方法中，光能利用率(LUE)模型作为一个强大的工具，它可以描述 GPP 的时空变化(Sánchez et al., 2015)。这些模型建立在陆地生态系统 GPP 通过 LUE 与吸收的光合有效辐射(PAR)存在直接相关性的假设基础上(Monteith, 1977b)。也就是说，从这些模型中估计出的 GPP 是吸收的光合有效辐射(APAR)和 LUE(ε_g)的产物($GPP = APAR \times \varepsilon_g$)。早期的 LUE 模型研究采用植被冠层吸收的光合有效辐射(PAR)的比例($FPAR_{canopy}$)来估算 $APAR_{canopy}$($APAR_{canopy} = PAR \times FPAR_{canopy}$)，并且用从光学遥感图像得到的植被指数近似计算 $FPAR_{canopy}$(Potter et al., 1993; Zhao et al., 2005)(Potter et al., 1993b; Zhao et al., 2005b)。遥感对地观测提供了连续的高精度数据，便于在更大尺度上监测生态系统交换过程(DeFries and Resources, 2008)。植被光合作用模型(VPM)作为目前应用较为广泛的 LUE 模型之一，它对植被冠层光合活性植被(PAV，如大部分绿叶)吸收的 PAR 进行估算，并对植被的光能利用率进行量化(Xiao et al., 2004c)。基于卫星的模型已成功应用于估算 GPP，方法是利用各种 CO_2 通量塔站点的通量观测值，其中站点类型包含森林(Xiao et al.，2004a；Xiao et al.，2004c)、热带雨林(Jin et al.，2013a)、草地(Wagle et al.，2014b)、农作物(Ma et al.，2020；Xin et al.，2017c)和湿地(Kang et al.，2018b)。

根据 Monteith(1977)的概念，LUE (ε_g)取决于植被类型和气候条件。以往的相关研究(Bradford et al.，2005；Lobell et al.，2002)指出，不同作物类型在羧化生物化学(尤其是 C_3 和 C_4 途径)方面的差异表明其生产效率存在相关差异，而这与光合作用的潜力有关。由于 C_4 植物比 C_3 植物具有更强的光合能力，将全年 ε_g 值赋予一个固定值是不科学的(Yan et al.，2009d)。众所周知，冬小麦-夏玉米双季轮作系统是全球耕地普遍的 C_3-C_4 轮作系统之一，尤其是在中国最大最重要的农业区——华北平原(NCP)(Bao et al.，2019；Wang et al.，2015；Yan et al.，2009d)。河南省位于华北平原(NCP)，是主要的粮食生产省份之一，2018 年冬小麦产量和夏玉米产量分别占全国的 28%和 9%以上。

尽管近年来在华北平原的小麦和玉米轮作的 GPP 估算方面取得了一些进展(Wang et al.，2015；Yan et al.，2009d；Zhang et al.，2020)，但这些研究都是基于 CO_2 涡度通量塔站点，而由于地表条件的变化，双季作物对区域 GPP 估算的影响仍然未知。同时，在河南省的作物管理实践中，作物生长期和休耕期受作物轮作模式的影响而变化。尽管考虑到了这些站点尺度上的时间差异，但在区域尺度上，特别是分布广泛的小麦-玉米轮作区(WMRA)，如何在长时间序列上监测作物 GPP 的动态变化仍然是一个挑战。

河南是位于中国中部地区的内陆省份(图 6.10)，地势复杂，东部为平原、西部为山地。大部分地区属于温带气候，北亚热带向暖温带过渡的大陆性季风气候，特点是夏季炎热潮湿，冬季寒冷多风。全省的平均气温在 12~16℃之间，符合一年两季轮种的需要(Zhu et al.，2020)。2018 年粮食种植面积约为 1090 万公顷，约占河南省面积的 2/3。根据中国气象局编制的历史气象资料，将研究区划分为四个农业气候区(ACZs)：即南阳盆地区(ACZ1)、黄淮冲积平原区(ACZ2)、西部山区(ACZ3)和丘陵平原过渡区(ACZ4)。

为了更好地了解 2000—2015 年河南省 WMRA(连作和非连作)卫星 GPP 的时空变化特征。首先，将作物种植面积基础数据集中的小麦种植面积和玉米种植面积叠加得到 WMRA，并与农业统计报告的种植面积进行比较；其次，利用 VPM 估算年度 GPP，并利用国家统计报告中的粮食产量进行评估。最后，分析了连续和非连续 WMRA 下 GPP 的年际变化趋势。在分析小麦-玉米轮作年数与 GPP 的时空关系的基础上，试图回答增加小麦-玉米轮作年数是否能促进粮食生产，以及哪些地区适合小麦-玉米高产轮作等问题。

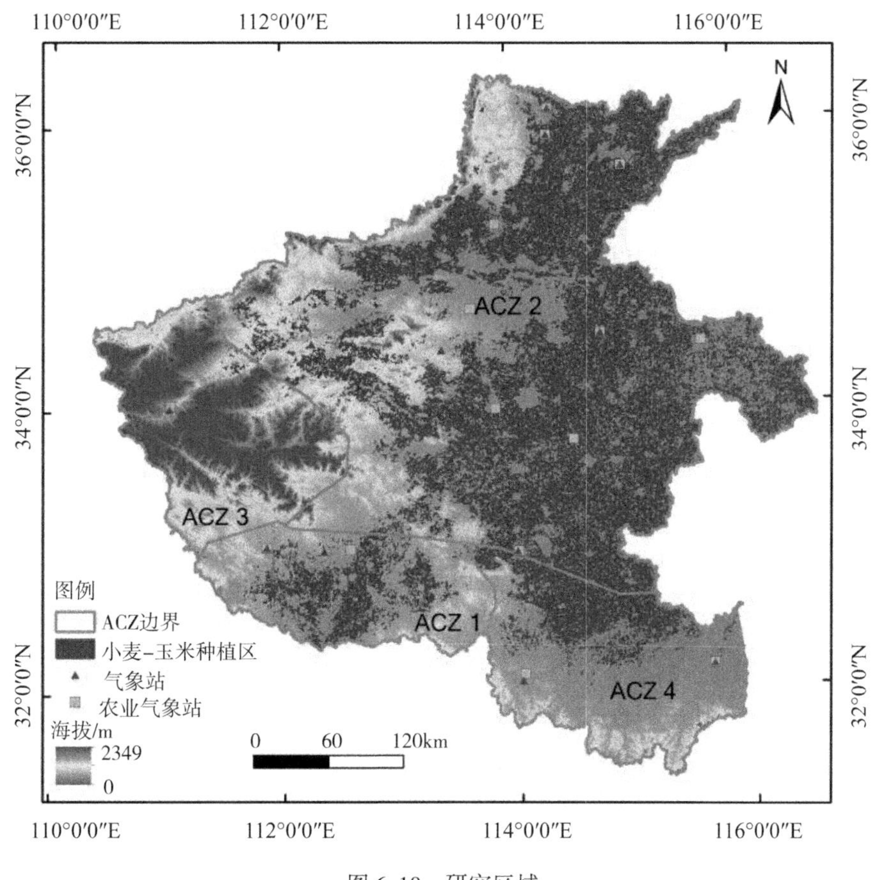

图 6.10 研究区域

6.2.2 研究数据

1. 卫星图像和植被指数

Terra 卫星上的 MODIS 传感器于 1999 年 12 月发射。本书下载了来自美国地质调查局的陆地过程分布式数据档案中心(LPDAAC，https：//lpdaac.usgs.gov/)的空间分辨率为 500m 的 8 天综合地表反射产品(MOD09A1)。MOD09A1 产品已经进行了几何和大气校正，以及去云处理(Huete et al.，1997；Justice et al.，2002)。利用 2000 年 2 月 18 日至 2018 年 12 月 31 日共 728 幅图像得出的植被指数模拟 GPP(由于传感器校准，2001 年的 DOY(年日)169 和 177 没有获得观测数据)。根据河南省的地理位置信息，从 MODIS 数据中提取了研究时段的地表反射率时间序列图像和质量标志。植被指数是利用蓝色波段(459~479nm)、红色波段(620~670nm)、近红外(841~875nm)和短波红外(SWIR，1628~

1652nm)波段的8天复合地表反射数据计算的增强植被指数(EVI)和地表水分指数(LSWI)。

2. 小麦和玉米的种植面积数据

本书采用2000—2015年空间分辨率为1km的小麦-玉米年种植面积数据(Luo et al., 2020)和来自中国科学院资源与环境科学数据中心提供的空间分辨率为1km的中国多时期土地利用遥感监测数据集(CNLUCC)(Peng et al., 2014)。与中国国家统计局公布的耕地面积数据相比，统计的种植面积数据与基于CNLUCC的种植面积数据之间的判定系数大于0.95。研究表明耕地面积数据具有良好的准确性(Xu et al., 2020)。

3. 地面观测数据

地面观测数据主要包括作物物候信息和气象数据。作物物候信息在区域尺度上具有显著的空间变异性，是VPM中用于GPP估算的一个重要参数。地面观测数据包括作物生长发育状况的现场记录，如作物的名称、发育阶段及其日期、作物发育阶段异常情况和发育阶段程度等(Luo et al., 2020)。2000—2013年小麦和玉米的生长季开始(SOS)和生长季结束(EOS)数据均来自中国气象局农业气象站(AMS)。在河南省4个ACZ中，共获得了17个农业气象站数据用于作物物候的验证。由于缺乏2014年和2015年的作物物候信息，将2011—2013年作物的平均SOS和EOS数据赋值为2014年的SOS和EOS数据，将2012—2014年作物的平均SOS和EOS数据赋值为2015年的SOS和EOS数据。

驱动VPM的气象数据包括日平均气温和日总日照时长，来自2000—2015年河南省25个气象站。总日照时长采用Angstrcom-Prescott (A-P)方法(Angstrom, 1924)计算太阳总辐射。1998年粮农组织采用A-P法估计太阳辐射作为蒸散发的标准程序(Allen et al., 1998)，A-P法的经验系数从前人的研究中提取(Zuo et al., 1963)。然后，将PAR(光合有效辐射)设置为太阳总辐射的45%(Meek et al., 1984a)。在ANUSPLIN(Hutchinson and Livingston, 2002)软件中对处理后的观测数据应用薄板样条平滑算法对8天平均温度(以ASTER GDEM为协变量)和8天PAR进行插值，生成空间分辨率为500m的气象栅格图像，以匹配MODIS图像的像素大小。

4. 2000—2015年期间的农业统计数据

2000—2015年河南省的小麦和玉米种植面积及其粮食产量的数据集来自农业统计报告(http://data.stats.gov.cn/)。以往的研究表明，谷类农作物中，碳元素约占45% (Lobell et al., 2003)。因此，本书将粮食产量的碳含量($gC \cdot a^{-1}$)计算为粮食产量($t \cdot a^{-1}$)的

0.45，便于分别评估小麦和玉米的年 GPP 和年粮食产量之间的关系。

6.2.3 研究方法

1. 基于 VPM 的 GPP 估算

植被冠层由可光合作用植被(主要是叶绿素(chl))和非光合作用植被组成，且仅利用冠层中的叶绿素成分进行光合作用，根据这一概念建立 VPM 模型，以估算植被光合作用的总初级生产力，即叶绿素吸收的光合有效辐射量(PAR)($APAR_{chl}=FPAR_{chl}\times PAR$)与光能利用率(Xiao et al.，2004a)。VPM 描述如式(6.8)所示：

$$GPP=\varepsilon_g\times FPAR_{chl}\times PAR \tag{6.8}$$

式中，PAR 为光合有效辐射(μmol 光合作用光子通量密度，PPFD)，ε_g为 GPP 的光能利用率(μmol CO_2 μmol $PPFD^{-1}$或 gC · mol · $PPFD^{-1}$)。在植被的光合作用期间，$FPAR_{chl}$用 EVI 的线性函数表示公式(6.9)，系数 α 设为 1.0 (Xiao et al.，2004c)。

$$FPAR_{chl}=\alpha\times EVI \tag{6.9}$$

光能利用率受温度、水分的影响，可表示为公式(6.10)：

$$\varepsilon_g=\varepsilon_0\times T_{scalar}\times W_{scalar} \tag{6.10}$$

式中，ε_0 为表观量子产率或最大光能利用率。

生态系统水平的 ε_0 值可以通过已有文献或在涡动通量观测塔站点采用直角双曲线函数分析 CO_2的净生态系统交换(NEE)和入射 PAR(μmol · m^{-2} s^{-1})来获取(Goulden et al.，1997)。在本书中，根据对 2003—2004 年中国禹城站点半小时 NEE 和入射 PAR 数据的分析，将冬小麦的 ε_0 值设为 0.76gC · mol · $PPFD^{-1}$，玉米的 ε_0 值设为 0.92gC · mol · $PPFD^{-1}$，因为该站点位于华北平原，与河南省有相似的种植方式(Yan et al.，2009a)。T_{scalar}和 W_{scalar}分别是温度和水分对光能利用率的胁迫系数。温度对光合作用的影响(T_{scalar})可由陆地生态系统模型估算得到(Raich et al.，1991a)。

$$T_{scalar}=\frac{(T-T_{min})\times(T-T_{max})}{(T-T_{min})\times(T-T_{max})-(T-T_{opt})^2} \tag{6.11}$$

式中，T_{min}、T_{max} 和 T_{opt} 分别为光合作用的最低、最高和最适温度。

在本书中，冬小麦的 T_{min} 和 T_{max} 分别设置为-3℃和 42℃，而玉米的 T_{min}和 T_{max}分别设置为 0℃和 45℃。在合适的温度下，植被生长旺盛，根据这一概念将最适温度(T_{opt})定义为生长季的平均温度(Sellers et al.，1992)，并将冬小麦的最适温度设为 16℃，玉米设为 23℃ (Chen et al.，2014b)。如果气温低于 T_{min}，则 T_{scalar}设置为零。水分对植物光合作用的影响(W_{scalar})是根据公式(6.12)中卫星衍生的地表水体指数估算得到的。

$$W_{scalar}=\frac{1+LSWI}{1+LSWI_{max}} \tag{6.12}$$

式中，$LSWI_{max}$是根据 MODIS 数据得出的 LSWI 季节性动态分析，得到每个像元内植被生长季的最大 LSWI。利用作物生长季节内的最大 LSWI 值作为 $LSWI_{max}$的近似值(Xiao et al.，2004b)。

2. WMRA 统计

基于 2000—2015 年小麦和玉米全年种植面积的数据产品(Luo et al.，2020)，利用河南省及其各市的边界矢量数据来提取小麦和玉米的耕地面积。为了评价 C_3-C_4轮作区耕地的可持续发展潜力，从 2000 年至 2015 年的作物种植面积数据中提取了 2 个 WMRAs 统计指标。第一个指标是小麦-玉米轮作区的年数(NYWM)。将 2000—2015 年小麦像元与玉米像元重叠并提取 WMRA。在省级和市级范围内对 WMRA 进行统计，分析其在 2000—2015 年的变化趋势。然后，通过叠加 2000—2015 年的 WMRA 图生成频率图(NYWM)。第二个指标是小麦-玉米连续轮作区的年数(NYCWM)。NYCWM 有两个指标：一个是全年小麦-玉米连续轮作区(CWMRA)，统计了 2~16 年连续轮种小麦-玉米的像素点，即记录了 2000—2001 年，2000—2002 年，2000—2003 年，…，2000—2015 年的 CWMRA。另一个是连续 16 年的小麦-玉米轮作区(16y-CWMRA)。我们对 2000—2015 年的 WMRA 进行叠加，并提取了这 16 年每年的小麦-玉米轮作面积。

3. WMRA 的 GPP 估计

由于光合作用过程与作物生长季节的时长(LOS)密切相关，因此利用 VPM 对河南省小麦和玉米的 LOS 进行像素级 GPP 估算。小麦和玉米的 LOS 是由四个 ACZ 的 AMS 地面观测得到的 SOS 和 EOS 数据估算而来。由于驱动模型的数据是 8 天复合的 EVI 数据和气象数据，所以在给定的 8 天时间内，是根据 SOS 的第一天和 EOS 的最后一天的位置来确定有多少个 8 天数据用于 GPP 估算。鉴于 SOS 初期 GPP 较低，EOS 末期 GPP 相对较高，SOS 和 EOS 期间作物 GPP 估算处理基于以下三个准则：①如果 SOS 的第一天位于给定 8 天的前半部分，则将该 8 天的 GPP 计入总 GPP。②如果 SOS 的第一天位于给定 8 天的后半部分，则将去除该 8 天的 GPP。③无论 EOS 的最后一天处于给定 8 天中的哪个位置，该 8 天的 GPP 均计算在内。

将四个 ACZ 相加得到 2000—2015 年 WMRA 的年 GPP。选用简单的线性回归模型($GPP=a\times Year+b$)来计算 2000—2015 年 GPP 的年际趋势。探索 GPP 与种植频率之间的整体关系，计算了 2000—2015 年小麦-玉米轮作年数与对应年均 GPP 之间的 Pearson 相关系数(R)。

4. 2000—2015年小麦和玉米年GPP和粮食产量的关系

统计数据中的小麦和玉米粮食产量是分开记录的，因此采用简单的线性回归模型分别评估2000—2015年小麦和玉米的年GPP和粮食产量(GP)之间的关系。又因为小麦的生长季节跨越了两年，所以仅对小麦作物进行15年的比较研究，而对玉米作物进行16年的比较研究。线性回归模型可以用一个简单的方程表示：$GP=GPP\times HI_{GPP}$，其中HI_{GPP}是收获指数(HI)，指粮食产量与GPP的比值(Xin et al.，2020)。它与常用的HI不同，后者被定义为粮食产量与地表生物量之间的比值($GP=GPP\times HI_{AGB}$)或者粮食产量与净初级生产力之间的比值($GP=GPP\times HI_{NPP}$)(Lobell et al.，2002)。由于本书侧重于GPP的估算及其动态变化分析，因此直接比较GPP和GP比NPP-GP或AGB-GP的比较更加合适。

6.2.4 研究结果

1. 小麦和玉米种植面积以及WMRA的时空变化

统计河南省各市的小麦和玉米种植面积的变化趋势可知：2000—2015年间，18个直辖市中，有15个城市的小麦种植面积增加，17个城市的玉米种植面积增加。周口市的小麦种植面积和玉米种植面积的年均增长率最高，分别为17.95×10^3 ha · a^{-1}和11.23×10^3 ha · a^{-1}。根据2000—2015年河南省各市WMRA的变化趋势可知：5个城市(安阳、濮阳、新乡、周口和驻马店)的增幅超过10×10^3 ha · a^{-1}，1个城市(三门峡)呈下降趋势，年均增长率为0.002×10^3 ha · a^{-1}。就全省而言，在这16年中，WMRA呈显著上升趋势，年平均增幅为$(111.73\pm6.36)\times10^3$ ha · a^{-1}($p<0.001$)，从2000年(1945.18×10^3 ha)到2015年(3384.80×10^3 ha)增长了约75%(图6.11)。从图6.12的空间分布可以看出，从2000年到2015年，河南省WMRA由北向南大幅增长。

2. WMRA中GPP的时空变化

图6.13显示了WMRA中GPP的时空变化情况。2000—2015年，河南省WMRA区域GPP呈显著上升趋势。图6.11表明WMRA的GPP年均增长率为39.83 ± 6.96g · C · m^{-2}($p<0.001$)，呈逐渐上升趋势，从2000年(1372.12gC · m^{-2} · a^{-1})到2015年(1913.07gC · m^{-2} · a^{-1})增长了约50%。WMRA的年总GPP从2000年的25.83×10^{12}gC · a^{-1}增加到2015年的64.75×10^{12} gC · a^{-1}，16年间增加了38.92×10^{12} gC · a^{-1}(151%)，平均每年增加率

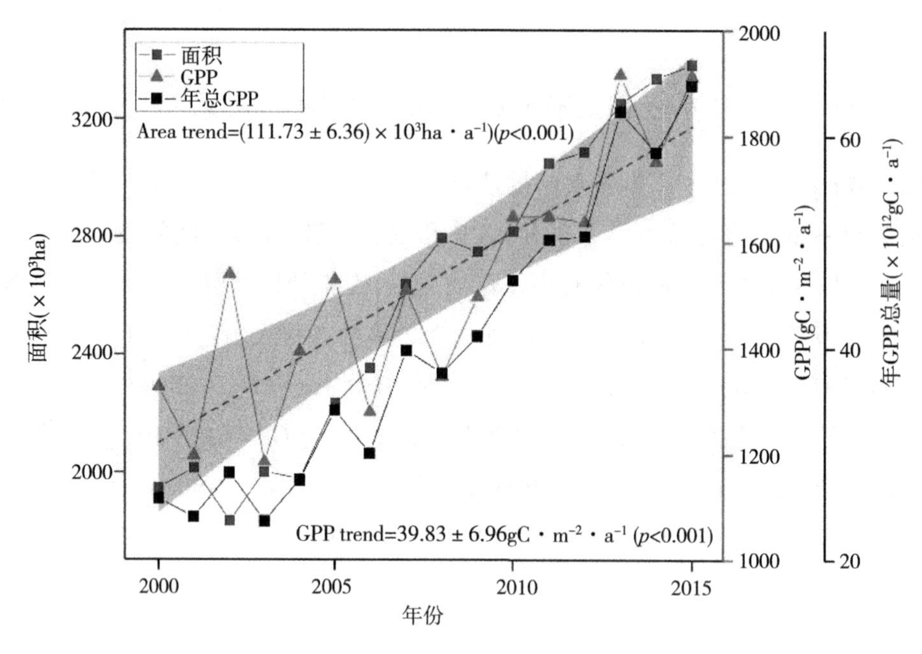

图 6.11 2000—2015 年 WMRA 和对应的 GPP 趋势

注：浅色方块连线代表年度 WMRA，三角形连线表示年度 GPP，黑色方块连线代表年度总 GPP。给出基于普通最小二乘回归(斜率±标准误差)计算趋势的显著性水平。显著性使用非参数曼-肯德尔趋势检验计算，p 值在图中给出，其中虚线表示 GPP 趋势线，阴影区域表示 GPP 估计斜率的 95% 置信区间。

为 2.43×10^{12}gC · a^{-1}。图 6.14 显示了 2000—2015 年 CWMRA 的空间分布。从 2000—2006 年，CWMRA 的年增长率明显下降(表 6.2)。

表 6.2 小麦-玉米连续轮作年面积(CWMRA) (单位：10^3 公顷)

年份	2000	2001	2002	2003	2004	2005	2006	2007
CWMRA	1945.18	748.25	319.73	135.03	67.65	35.60	16.70	10.53
年份	2008	2009	2010	2011	2012	2013	2014	2015
CWMRA	7.68	5.90	3.98	3.25	2.95	2.55	2.35	2.20

图 6.15 显示了 2000 年至 2015 年 WMRA 中各个像素的年平均 GPP 的空间分布。GPP 的高值(>2000gC · m^{-2} · a^{-1})位于河南省北部地区和中东部地区。GPP 的低值(<1000gC · m^{-2} · a^{-1})出现在河南省中西部和南部地区。

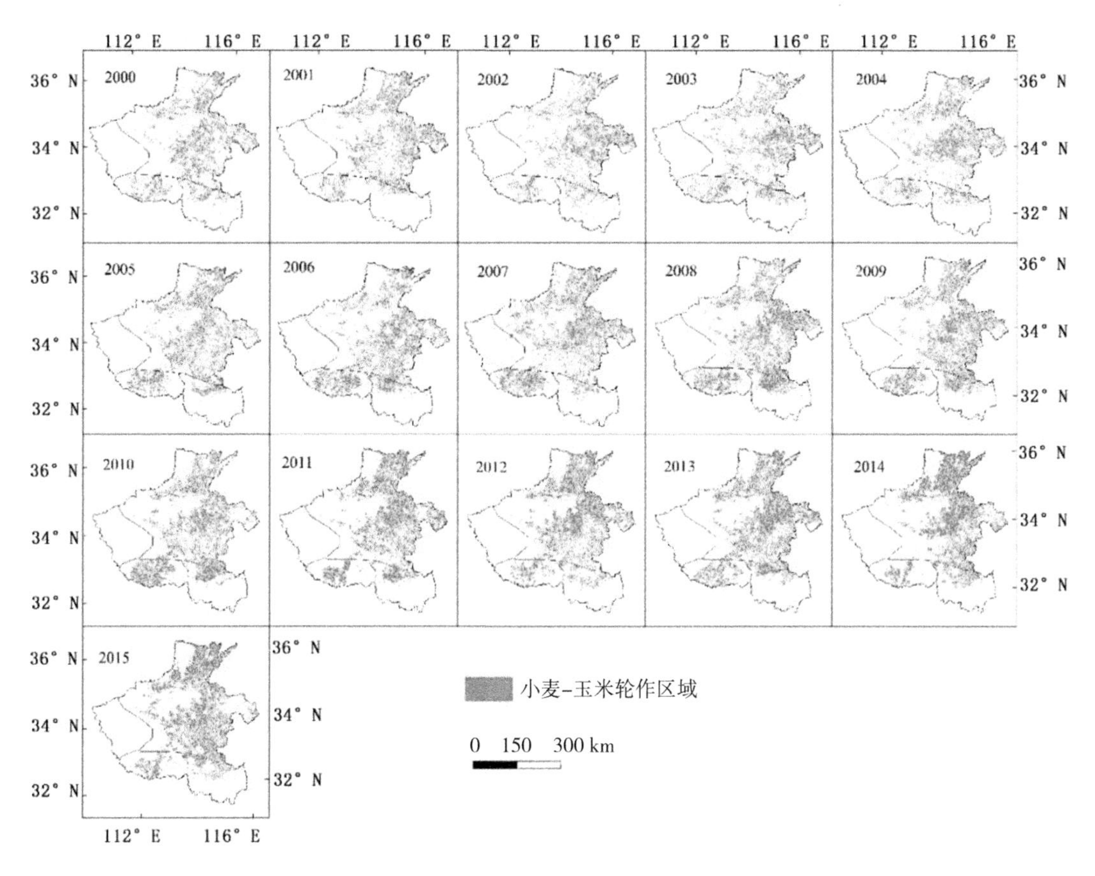

图 6.12 2000—2015 年河南省小麦-玉米轮作面积时空分布

2000—2015 年小麦及玉米年粮食产量和年 GPP 的关系如图 6.16 所示。河南省小麦和玉米的年产量与年 GPP 的简单线性回归模型的斜率(HI_{GPP})分别为 0.31 和 0.33。

3. 连续 WMRA 的 GPP

为了更好地了解 CWMRA 中 GPP 的变化趋势，分析了小麦-玉米轮作连作区 GPP 变化趋势如图 6.17 所示。上图显示了 GPP(当 NYCWM 在 1~16 年间的给定年份)随着 NYCWM 的上升而上升的趋势。简单线性模型显示平均增长率为 35.60 ± 6.55gC · m^{-2} · a^{-1}($p<0.001$)，从 2000 年的 1370.65gC · m^{-2} · a^{-1}到 2015 年的 1924.68gC · m^{-2} · a^{-1}。16 年的 CWMRA 的 GPP 波动幅度也显著增加，从 2000 年(1394.74gC · m^{-2} · a^{-1})到 2015 年(1924.68gC · m^{-2} · a^{-1})，以每年 35.77 ± 6.57gC · m^{-2}($p<0.001$)的速度增长。上图和下图的比较表明，CWMRA 的年平均 GPP 和 16 年 CWMRA 的年平均 GPP 之间的增长趋势高度一致。

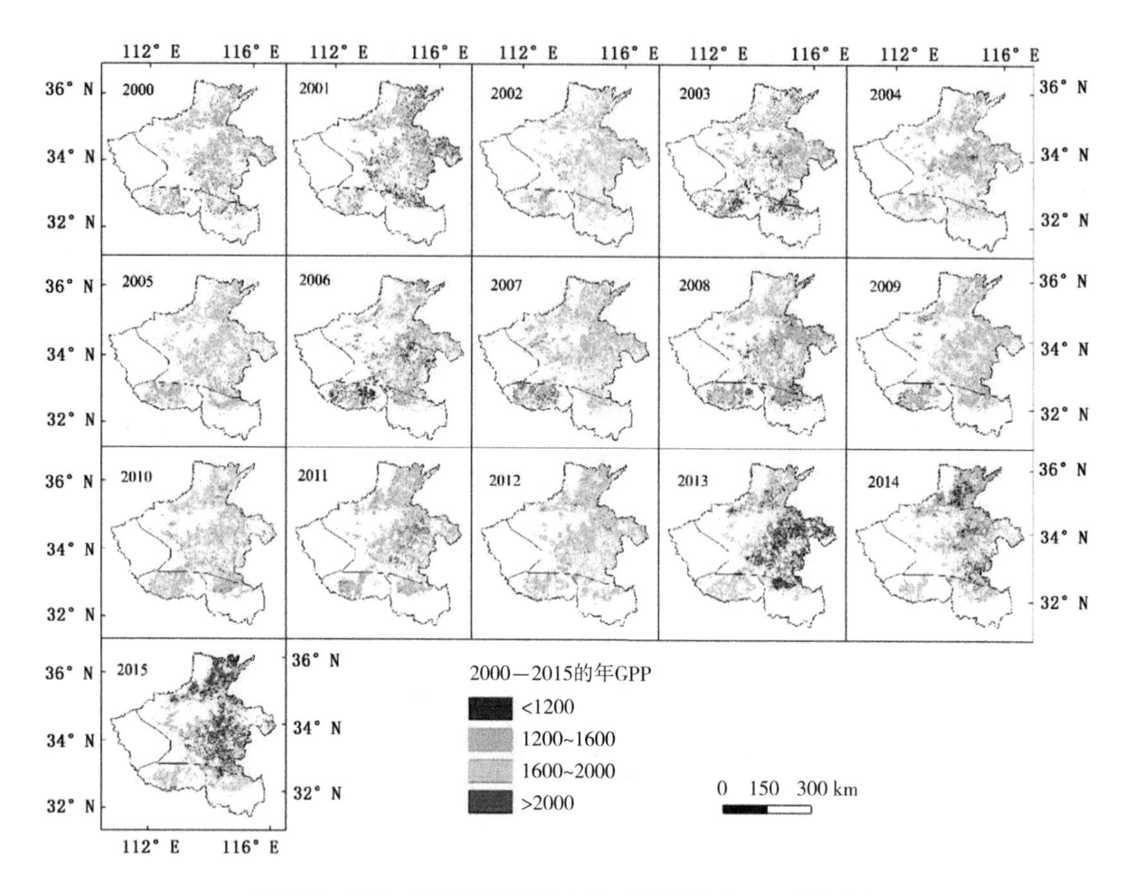

图 6.13　2000—2015 年河南省小麦-玉米轮作区 GPP 时空分布

考虑到连续 2 年小麦-玉米轮作有较大偶发性，图 6.18 显示了 NYCWM 轮作中从 3（NYCWM 2000—2002）到 16（NYCWM 2000—2015）的年平均 GPP。对某一年而言，当 NYCWM 在 3~16 之间变化时，年平均 GPP 的变化并不显著。而当 NYCMW>8 时(持续时间长于 2000—2007 年)，在给定的 NYCWM 中，NYCMW 的年平均 GPP 在 2008—2015 年呈现上升趋势。

4. 不同频率下的 WMRA 的 GPP

图 6.19(a)为 2000—2015 年间 NYWM 的情况。NYWM 的高值(NYWM>10)主要分布在河南省北部和中东部地区。河南省西南部有少量 NYWM 高值。图 6.19(b)显示了小麦-玉米轮作年限对应的像素数。当 NYWM 在 1~5 之间时，WMRA 的像素点数量逐渐增加，当 NYWM = 5 时达到峰值(相应频率为 10.3%)。然后，当 NYWM 从 6 增加到 16 时，WMRA 的像素数急剧下降。

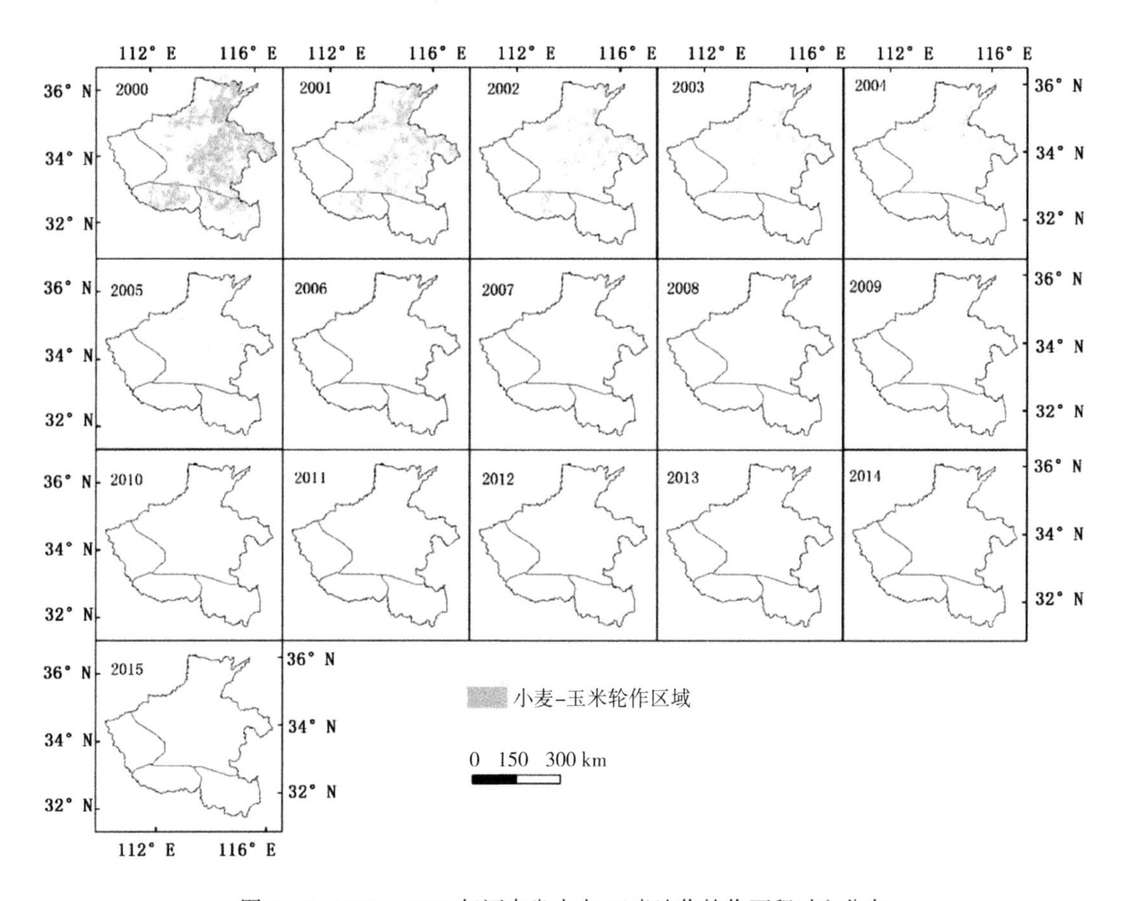

图6.14 2000—2015年河南省小麦-玉米连作轮作面积时空分布

从NYWM的变化来看，小麦-玉米轮作区域的年平均GPP随着轮作年数的增加而增加，GPP的最大值(1584.69gC·m^{-2}·a^{-1})保持在NYWM=11。年平均GPP变化相对较小，从NYWM=1的1409.07gC·m^{-2}·a^{-1}到NYWM=11的1584.69gC·m^{-2}·a^{-1}(图6.20(a))。当NYWM从11增加到16时，GPP呈现下降趋势。年平均GPP标准差的年际趋势呈显著降低，从341.48gC·m^{-2}·a^{-1}下降到99.28gC·m^{-2}·a^{-1}。由于NYWM小于5时，随机轮作的可能性很大，图6.20(b)只显示了NYWM在5~16之间的年平均GPP。总的来说，年平均GPP随着年份的增加而增长，且2007—2015年增长趋势显著。特定年限内，NYWM的增长对年平均GPP的趋势并无显著影响。

从NYWM=1到NYWM=16，计算了单个像素上小麦-玉米轮作年数与相应像素上的年平均GPP之间的Pearson相关系数(R)(图6.21)。河南省的Pearson相关系数的平均值为0.68($p<0.01$)，表明NYWM和年平均GPP之间存在高度相关性。对于NYWM的具体数值，各种种植频率的R值都大于0.6，从0.6(NYWM=2)到0.73(NYWM=11、14、15)不等，R值变化范围较小(表6.3)。

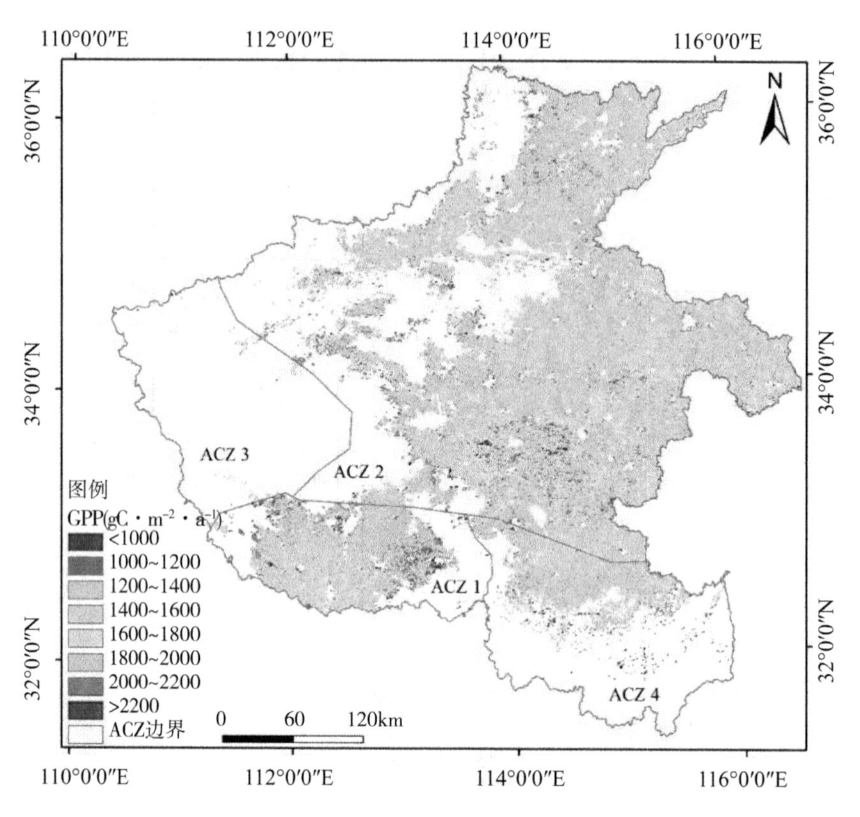

图 6.15　2000—2015 年河南省小麦-玉米轮作区年平均 GPP 的空间分布

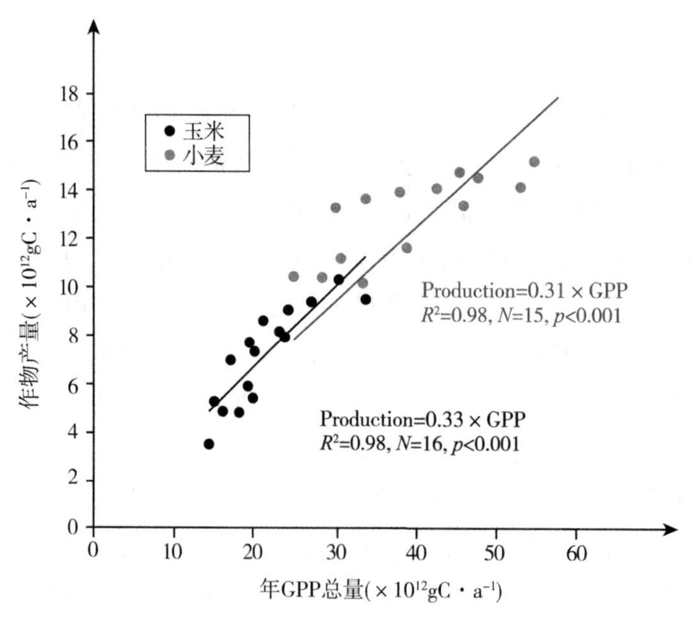

图 6.16　河南省小麦、玉米年 GPP 与粮食产量的关系

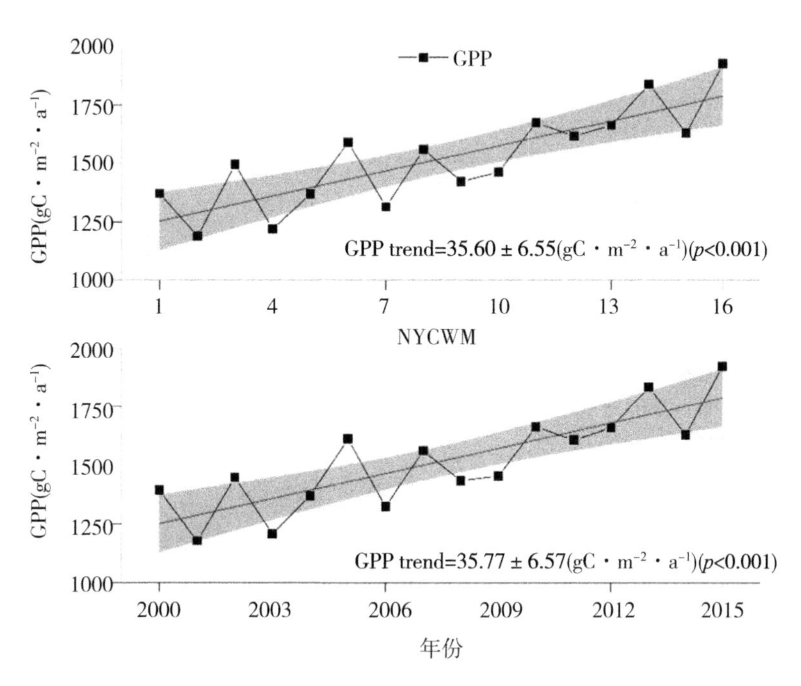

图 6.17 2000—2015 年河南省小麦-玉米连作区和 16 年小麦-玉米连作区年 GPP 变化趋势

注：基于普通最小二乘回归方法估计趋势(斜率±SE)及其显著性水平。采用非参数 Mann-Kendall 趋势检验计算显著性，图中给出 p 值，其中红色实线表示 GPP 的趋势线，阴影区域表示 GPP 估计斜率的 95%置信限(NYCWM 表示连续小麦-玉米轮作的年数)。

表 6.3 不同小麦-玉米轮作年数(NYWM)的 Pearson 相关系数

(*R*，小麦-玉米轮作年数与相应的年平均 GPP)的平均值

NYWM	2	3	4	5	6	7	8	9	10	11	12	13	14	15	16
R 值	0.60	0.62	0.66	0.66	0.67	0.68	0.69	0.71	0.72	0.73	0.73	0.72	0.73	0.73	0.70

6.2.5 讨论

1. 河南省 WMRA GPP 估算的主要误差来源

河南省 WMRA 的年 GPP 从 2000 年的 25.83×10^{12} gC · a^{-1}增长到 2015 年的 64.75×10^{12} gC · a^{-1}。2002 年和 2009 年，年度 GPP 总量上升而 WMRA 下降，主要是由于单位面积 GPP 的增长引起的。2001 年和 2014 年发生了过去 20 年以来最严重的干旱，主要推动了

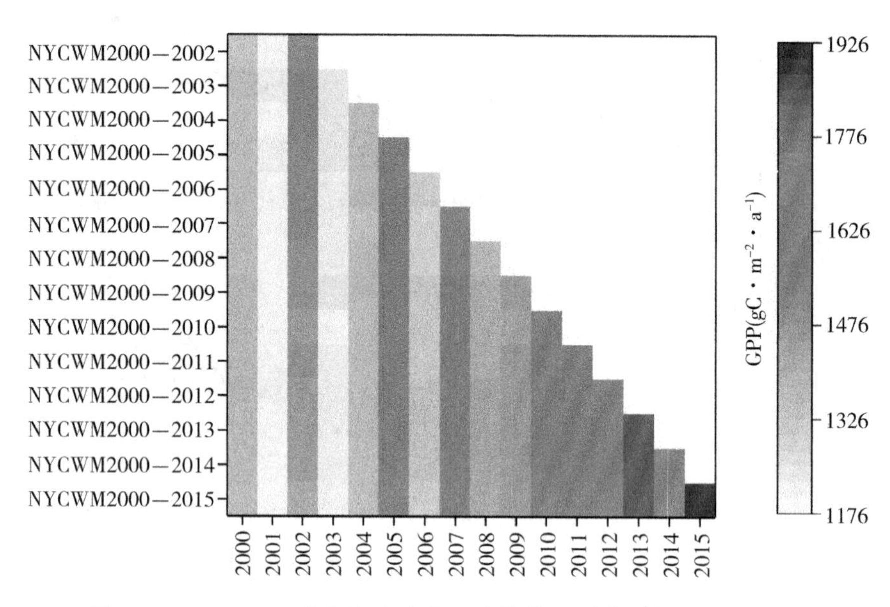

图6.18　2000—2015年河南省小麦-玉米轮作区不同年数年均GPP热图

WMRA的增长，也是导致GPP总量下降的主要原因。而2003年、2006年和2008年年总GPP下降的主要因素，可能是气象数据中有记载的作物生长季的区域性低温和多雨。

冬小麦和夏玉米轮作是河南省最广泛的集约化土地利用类型。C_3-C_4作物轮作区GPP模拟研究对于评价小麦-玉米轮作方式(连续或非连续)以及对粮食生产的影响具有重要意义。基于VPM模型模拟的小麦-玉米GPP与2000—2015年农业统计数据中的粮食产量吻合良好。GPP估算是根据遥感数据和地面观测数据估算的，因此GPP估算存在一些误差源。第一，从光谱波段提取的时间序列植被指数存在不确定性，这些指数通常会受到云和大气条件等许多因素的影响。关于如何插补时间序列植被指数已有很多研究，但目前尚未得出哪种方法更合适的结论(He et al.，2013)。第二，来源于地面观测数据，包括PAR、温度和生长季节的记录。PAR和温度是来自气象站的气象数据。如何插值站点气象数据以生成气象栅格图像，仍是一个备受争议的研究课题(Donat et al.，2013)。生长季记录是从农业气象站获得的地面观测数据。这些基于野外的观测数据以及物候相机的记录一直被作为验证其他间接方法得出的物候信息的真实数据。然而，观测数据是一种基于站点的数据，需要通过插值法外推到区域尺度。另外，从遥感图像中提取的时间序列植被指数提供了植被物候的全面信息，如特定生长季、不同生物群落的SOS和EOS数据(Dong et al.，2016；Wu et al.，2017)。由于算法的适应性、物种的多样性和其他因素，特定生物群落的物候预测仍然存在较大的差异(Chang et al.，2019；Wu et al.，2017)。为减少生长季节

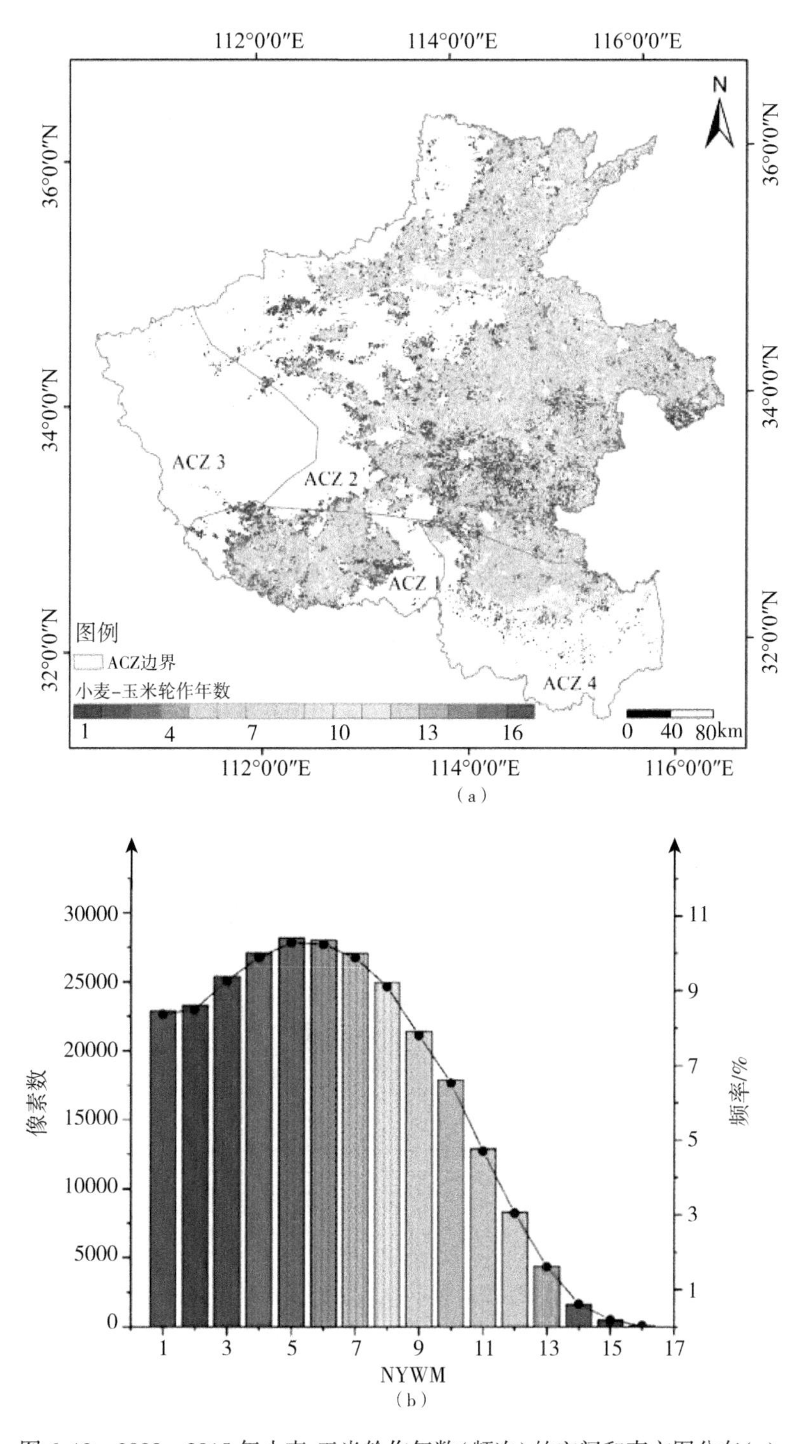

图6.19 2000—2015年小麦-玉米轮作年数(频次)的空间和直方图分布(a)与NYWM像素数及相应频率(b)

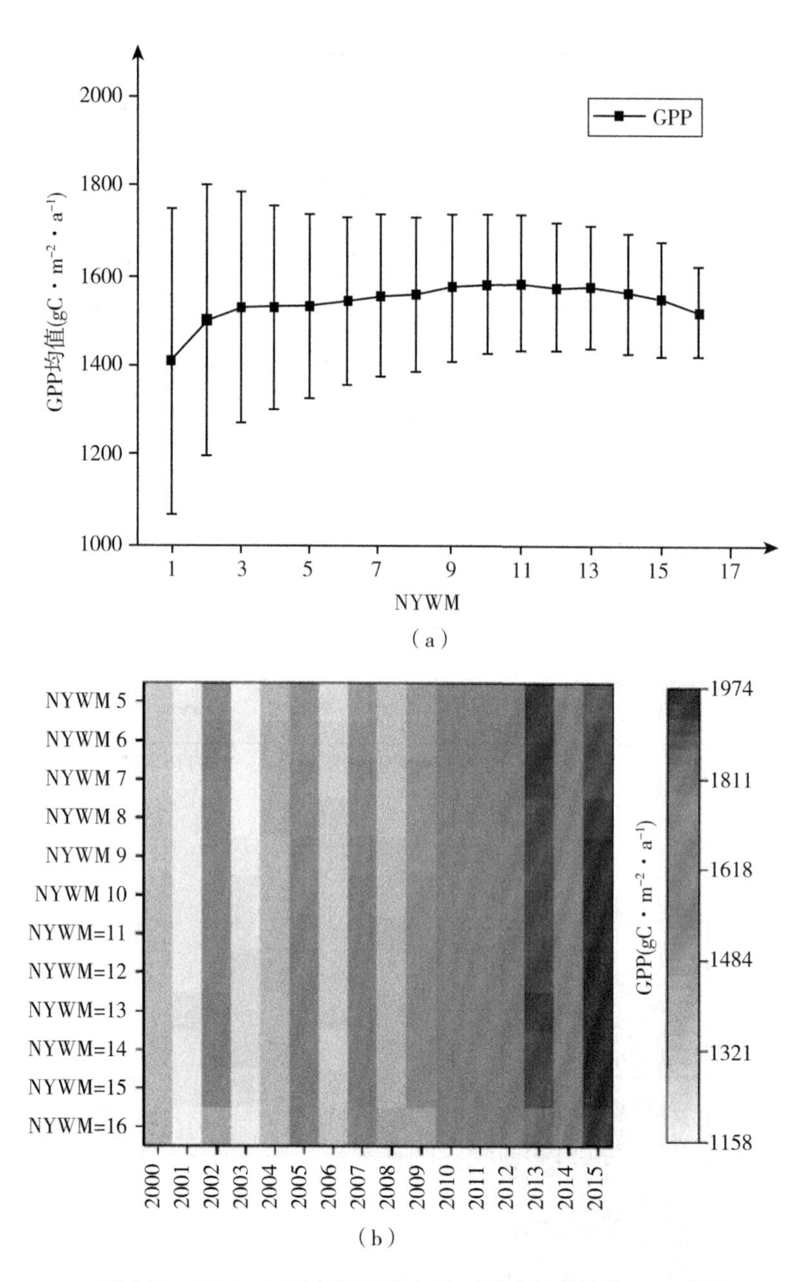

图 6.20　2000—2015 年河南省小麦-玉米非连作轮作 GPP 变化(a)、
小麦-玉米轮作区不同年数年均 GPP 热图(b)

的不确定性可能会更多地使用基于现场的观测(如物候相机)来大幅改善农田物候预测。第三，来自 VPM 模型中的关键参数估计，比如同一生态系统类型的不同地区的最大 LUE 可能不同(Xiao et al.，2011b)。通常，最大 LUE 通常是通过对通量塔站点生长旺季或整个

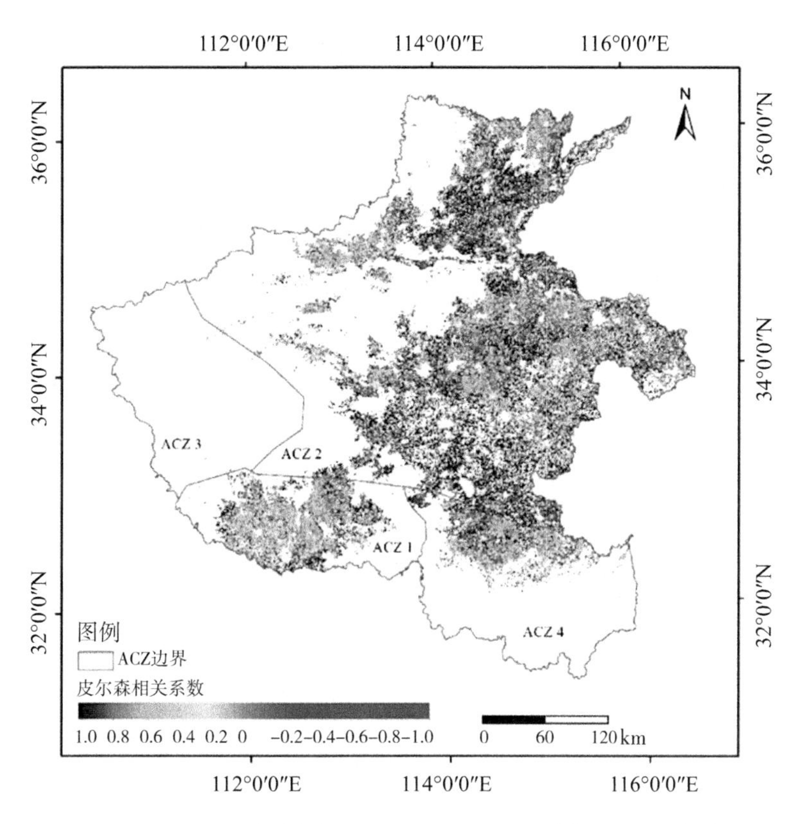

图 6.21 小麦-玉米轮作年数与 GPP 的 Pearson 相关系数空间格局

生长季的半小时 NEE 和入射 PAR 数据的分析获得的(Baldocchi et al., 2001)。在大多数通量塔站点中，只有一种占主导地位的土地覆盖类型，这使得在通量塔站点基于特定作物轮作的土地覆盖开发最大 LUE 变得更加困难。山东禹城站点是土地覆被以小麦-玉米轮作为主的代表性野外站点。已有研究表明其对了解陆地生物圈 C_3-C_4 植物轮作区的碳交换/平衡具有关键作用(Bao et al., 2019; Yan et al., 2009a)。此外，禹城站点距离河南省最近的县城只有约 110km，这意味着该地区的作物都生长在类似的气候条件中。因此，我们采用了禹城站观测得出的最大 LUE 和其他驱动参数(如光合作用的最低、最高和最适温度)。

区域 GPP(或 NPP、生物量)与粮食产量之间的关系通常通过收获指数(Harvest Index, HI)来分析评价。不同作物的 HI_{AGB} 或 HI_{NPP} 和不同作物的谷物产量常被用来估计美国作物的地上生物量和净初级生产量(Guan et al., 2016; Lobell et al., 2002)。实际的 HI_{GPP}、HI_{AGB} 或 HI_{NPP} 值在不同的作物类型之间会有所不同。具体来说，玉米的这些值从 0.25~0.58，而小麦的这些值在 0.31~0.53 之间变化(He et al., 2018)。本书中，年 GPP 与小麦和玉米年粮食产量之间存在显著的统计学相关性，这清楚地表明了基于VPM模型的GPP是估计中国中部地区小麦和玉米年粮食产量的可靠数据来源。

2. NYCWM中GPP的变化情况

总体来看，2000—2015年期间，年平均GPP随着NYCWM的提高而增长(图6.18)，呈现出波动上升趋势。普遍认为，连续的WMARs更有可能在良好的水肥条件下进行管理，这可以减轻灾害易发地区受极端天气事件(如干旱或洪水)的影响(Mueller and Seneviratne，2012)，如NCP中的WMRA。同时，我们注意到，CWMRA在2000年到2015年之间呈显著下降趋势(表6.2)，这意味着在这16年间CWMRA的年总GPP呈下降趋势。年总GPP的大幅下降取决于多个因素，如各城市种植的方式调整、作物品种的适应性、土地利用/土地覆被的变化等。在连续16年的小麦-玉米轮作中，GPP的上升趋势与CWMRA的GPP增长趋势非常相似(GPP趋势：$33.77\pm6.57\text{gC}\cdot\text{m}^{-2}\cdot\text{a}^{-1}$ VS. $35.60\pm6.55\text{gC}\cdot\text{m}^{-2}\cdot\text{a}^{-1}$)，表明在2000—2015年的特定时间段内，变化轮作区和固定轮作区产生的GPP变化高度一致。

3. 小麦-玉米非连续轮作的年数中GPP的变化

如图6.21所示，NYWM年均GPP的年际变化趋势并不显著。年均GPP从NYWM=1到NYWM=11有小幅增长，然后开始逐渐下降。年均GPP增加的主要原因是集约化生产规模的扩大和退耕还林(改造坡耕地和沙化耕地为森林)，减少低产耕地，提高年均GPP。我们注意到，从NYMW=10开始，NYWM的像素数急剧减少。这是受农业种植方式调整的影响(如驻马店地区大规模种植花生，而非玉米种植)。这种改变会影响到WMRA的生长环境(肥力、温度、湿度等)。总体来看，年均GPP的变化范围相对较小。Pearson相关系数的空间格局表明，在大多数WMRA中，年均GPP和NYWM有很高的相关性。这说明小麦-玉米轮作方式适用于河南省大部分耕地地区。

6.3　本章小结

本章分别以河南冬小麦-夏玉米轮作生态系统、湖北稻田生态系统为研究对象，基于VPM光能利用率模型开展GPP遥感估算，构建GPP与粮食产量的模型，预测粮食产量。有如下结论：

(1)利用遥感图像和气象数据驱动VPM，估算了2000—2015年中国南方水稻的GPP。水稻种植面积和种植频次的时空变化反映了农业政策对湖北省水稻种植面积总体趋势的影响。水稻GPP的年际变化表明，2000—2015年间年GPP经历了三个阶段，即2000—2003

年期间增长，2003—2009 年期间下降，2009—2015 年期间上升。农业统计数据表明，基于 VPM 的 GPP 估计值与粮食产量有较好的一致性，可以在省、市两级范围内进行水稻年粮食产量预测。对水稻 GPP 时空格局的分析表明，在湖北省江汉平原，可以通过提高种植频次来促进水稻生产。研究结果可以为中国南方水稻种植的可持续发展提供实质性建议。

(2)根据 2000—2015 年河南省冬小麦和夏玉米轮作区的 MODIS 影像和气象资料，利用 VPM 估算 GPP。结果表明，WMRA 的年 GPP 为 $39.83\pm6.96gC\cdot m^{-2}\cdot a^{-1}$，呈上升趋势。GPP 峰值位于河南省北部地区和中东部地区。对于连续的 WMRA，GPP 随着小麦-玉米轮作年限的增加而增加。此外，GPP 与小麦-玉米轮作年数之间的高度相关意味着小麦-玉米轮作频率越高，GPP 越大。从农业统计数据来看，年 GPP 与年粮食产量之间存在较强的线性关系，表明了利用 VPM 估算 WMRA 地区年 GPP 与粮食产量的潜力。区域 GPP 估算研究对于评估轮作对粮食生产的影响具有重要价值。研究结果可为中国中部地区 WMRA 的可持续发展提供参考。

第 7 章　总结与展望

7.1　总　　结

本书采用全球 4 个(中国、美国、日本和韩国)农田水稻生态系统通量观测站(9 个站点年)的涡动相关数据、气象数据和 MODIS 遥感数据，根据水稻的生长发育物候特征对 VPM 模型进行改进研究，探索适用于农田水稻 GPP 估算的改进模型；基于改进的 VPM (PVPM)对江汉平原农田水稻 GPP 进行估算，并采用农业统计年鉴数据验证；同时分析了 2000—2017 年江汉平原农田水稻 GPP 的时空变化特征及其气象影响因素；最后开展了 GPP 遥感模型在农作物遥感估产中的应用。本书的主要结论如下：

(1)基于农田水稻物候期的 VPM 改进研究。基于原 VPM 模型和 PVPM 模型分别估算水稻 GPP(即 GPP_{VPM}和 GPP_{PVPM})，与通量观测数据计算的 GPP(GPP_{EC})进行对比验证，结果表明：在日本的 Mase、韩国的 Haenam、美国的 Twitchell Island 和中国荆州 4 个通量观测站点，GPP_{PVPM}和 GPP_{EC}的决定系数(R^2)分别为 0. 92、0. 95、0. 91 和 0. 91，GPP_{VPM}和 GPP_{EC}的 R^2分别为 0. 82、0. 26、0. 84 和 0. 62，PVPM 的 R^2均高于原 VPM 模型；均方根误差(RMSE)分别由原模型的 1. 60gC/m^2、3. 60gC/m^2、1. 79gC/m^2 和 2. 73gC/m^2 降低为 1. 04gC/m^2、0. 79gC/m^2、1. 22gC/m^{2}和 0. 88gC/m^2。验证结果表明，在通量观测站点尺度上，PVPM 的水稻估算精度优于 VPM 模型估算精度。

(2)江汉平原农田水稻 GPP 估算。基于 PVPM，利用长时间序列 MODIS 遥感数据和气象观测数据，估算了 2000—2017 年江汉平原单双季水稻 GPP，并采用 2000—2017 年农业统计年鉴中单双季水稻的产量数据对估算的单双季水稻 GPP 分别进行验证。结果表明：在江汉平原区域尺度上，估算的单季稻 GPP 与产量的 R^2为 0. 82，估算的双季稻 GPP 与产量的 R^2为 0. 84；在县级尺度上，估算的单季稻 GPP 与产量的 R^2为 0. 89，估算的双季稻 GPP 与产量的 R^2为 0. 97。说明 PVPM 在农作物区域 GPP 估算方面具有较大的潜力。

(3)江汉平原农田水稻 GPP 时空特征。时间趋势上，2000—2017 年江汉平原农田单季稻 GPP 年总量整体上趋于上升趋势，双季稻 GPP 年总量整体上趋于下降趋势。单季稻年均 GPP 在 2000—2001 年呈增加趋势，2001—2003 年呈下降趋势，2003—2013 年呈波动性增加趋势，2013—2017 年呈波动性下降趋势；双季稻年均 GPP 变化趋势与单季稻相似。空间分布上，单季稻高、中、低产田面积占比分别为 8.92%、79.20%和 11.88%。双季稻高、中、低产田面积占比分别为 8.37%、80.66%和 10.97%。趋势上，江汉平原农田单季稻 GPP 显著上升地区面积占 51.52%，显著下降地区面积占 0.41%；双季稻 GPP 显著上升地区面积占 46.84%，显著下降地区面积占 0.52%。未来趋势上，江汉平原单季稻以改善到退化和波动到退化为主要特征，其面积占单季稻面积的 41.30%和 33.54%。江汉平原双季稻同样也以改善到退化和波动到退化为特征，其面积比为 33.83%和 34.00%，并且利用地理探测器模型探讨气候因素对水稻 GPP 的影响。结果表明：气温、日照和降雨对江汉平原农田水稻 GPP 的空间差异具有较强的影响，影响大小为：≥10℃积温>生长季平均气温>生长季日照时数>生长季总降雨量>生长季平均降雨量。

(4) GPP 在作物遥感估产中的应用。分别以河南冬小麦-夏玉米轮作生态系统、湖北稻田生态系统为研究对象，基于 VPM 光能利用率模型开展 GPP 遥感估算，构建 GPP 与粮食产量的模型，预测粮食产量。结果表明：GPP 可以有效地预测典型作物产量。

7.2 展　望

PVPM 模型在水稻 GPP 模拟研究中取得了较高的精度。但仍然存在如下不足，将在以后的研究中予以改进和完善。

(1)鉴于水稻通量观测站少、数据可获取性有限，未来研究中，应选择更多的通量观测站点对 PVPM 模型开展验证。将全球通量观测数据与遥感数据结合，更加精确地构建区域化的最大光能利用率。

(2)充分利用多源遥感数据，借助谷歌云计算平台，采用深度学习、机器学习等方法，获取更精细的水稻物候及其分布信息。

(3)将 500/1000m 的 GPP 扩展到更精细的空间尺度上，如基于 Landsat 和 MODIS 数据采用高性能计算机 GPU+CUDA 技术，构建高时空分辨率的融合数据来估算农田水稻 GPP，可以更精细化地评估与监测农田生产力。

参考文献

[1]Aber J D, Federer C A. A generalized, lumped-parameter model of photosynthesis, evapotranspiration and net primary production in temperate and boreal forest ecosystems[J]. Oecologia, 1992, 92(4): 463-474.

[2]Aber J D, Ollinger S V, Driscoll C T. Modeling nitrogen saturation in forest ecosystems in response to land use and atmospheric deposition[J]. Ecological Modelling, 1997, 101(1): 61-78.

[3]Aber J D, Ollinger S V, Federer C A, et al. Predicting the effects of climate change on water yield and forest production in the northeastern United States[J]. Climate Research, 1995, 5(3): 207-222.

[4]Aber J D, Reich P B, Goulden M L. Extrapolating leaf CO_2 exchange to the canopy: a generalized model of forest photosynthesis compared with measurements by eddy correlation [J]. Oecologia, 1996, 106(2): 257-265.

[5]Allen R G, Pereira L S, Raes D, et al. Crop evapotranspiration-Guidelines for computing crop water requirements-FAO Irrigation and drainage paper 56 [J]. Fao, Rome, 1998, 300(9): D05109.

[6]Almorox J, Hontoria C. Global solar radiation estimation using sunshine duration in Spain[J]. Energy Conversion and Management, 2004, 45(9): 1529-1535.

[7]Angstrom A. Solar and terrestrial radiation. Report to the international commission for solar research on actinometric investigations of solar and atmospheric radiation [J]. Quarterly Journal of the Royal Meteorological Society, 1924, 50(210): 121-126.

[8]Asner G P, Wessman C A, Archer S. Scale dependence of absorption of photosynthetically active radiation in terrestrial ecosystems [J]. Ecological Applications, 1998, 8(4): 1003-1021.

[9]Aubinet M, Grelle A, Ibrom A, et al. Estimates of the annual net carbon and water exchange of forests: the EUROFLUX methodology [M]//Advances in ecological research. Academic

Press, 1999, 30: 113-175.

[10] Baldocchi D, Falge E, Gu L, et al. FLUXNET: A new tool to study the temporal and spatial variability of ecosystem-scale carbon dioxide, water vapor, and energy flux densities[J]. Bulletin of the American Meteorological Society, 2001, 82(11): 2415-2434.

[11] Baldocchi D D, Sturtevant C, Contributors F. Does day and night sampling reduce spurious correlation between canopy photosynthesis and ecosystem respiration[J]. Agricultural and Forest Meteorology, 2015, 207: 117-126.

[12] Bao X, Li Z, Xie F. Environmental influences on light response parameters of net carbon exchange in two rotation croplands on the North China Plain[J]. Scientific Reports, 2019, 9(1): 18702.

[13] Bindraban P S, van der Velde M, Ye L, et al. Assessing the impact of soil degradation on food production[J]. Current Opinion in Environmental Sustainability, 2012, 4(5): 478-488.

[14] Boschetti M, Stroppiana D, Confalonieri R, et al. Estimation of rice production at regional scale with a Light Use Efficiency model and MODIS time series[J]. Italian Journal of Remote Sensing/Rivista Italiana Di Telerilevamento, 2011, 43(3).

[15] Bouman B A M, Yang X, Wang H, et al. Performance of aerobic rice varieties under irrigated conditions in North China[J]. Field Crops Research, 2006, 97(1): 53-65.

[16] Bradford J B, Hicke J A, Lauenroth W K. The relative importance of light-use efficiency modifications from environmental conditions and cultivation for estimation of large-scale net primary productivity[J]. Remote Sensing of Environment, 2005, 96(2): 246-255.

[17] Brogaard S, Runnström M, Seaquist J W. Primary production of Inner Mongolia, China, between 1982 and 1999 estimated by a satellite data-driven light use efficiency model[J]. Global and Planetary Change, 2005, 45(4): 313-332.

[18] Busetto L, Zwart S J, Boschetti M. Analysing spatial-temporal changes in rice cultivation practices in the Senegal River Valley using MODIS time-series and the PhenoRice algorithm[J]. International Journal of Applied Earth Observation and Geoinformation, 2019, 75: 15-28.

[19] Cai W, Yuan W, Liang S, et al. Large differences in terrestrial vegetation production derived from satellite-based light use efficiency models[J]. Remote Sensing, 2014, 6(9): 8945-8965.

[20] Cai Z, Jin T, Li C, et al. Is China's fifth-largest inland lake to dry-up? Incorporated

hydrological and satellite-based methods for forecasting Hulun lake water levels [J]. Advances in Water Resources, 2016, 94: 185-199.

[21] Campbell C S, Heilman J L, Mcinnes K J, et al. Seasonal variation in radiation use efficiency of irrigated rice[J]. Agricultural and Forest Meteorology, 2001, 110(1): 45-54.

[22] Cansino J M, Sánchez-Braza A, Rodríguez-Arévalo M L, et al. Driving forces of Spain's CO_2 emissions: A LMDI decomposition approach [J]. Renewable and Sustainable Energy Reviews, 2015, 48: 749-759.

[23] Cao M, Woodward F I. Net primary and ecosystem production and carbon stocks of terrestrial ecosystems and their responses to climate change[J]. Global Change Biology, 1998, 4(2): 185-198.

[24] Chang Q, Xiao X, Jiao W, et al. Assessing consistency of spring phenology of snow-covered forests as estimated by vegetation indices, gross primary production, and solar-induced chlorophyll fluorescence[J]. Agricultural and Forest Meteorology, 2019, 275: 305-316.

[25] Chen J, Zhang H, Liu Z, et al. Evaluating parameter adjustment in the MODIS gross primary production algorithm based on eddy covariance tower measurements[J]. Remote Sensing, 2014, 6(4): 3321-3348.

[26] Chen T, Van Der Werf G R, Gobron N, et al. Global cropland monthly gross primary production in the year 2000[J]. Biogeosciences, 2014, 11(14): 3871-3880.

[27] Chiti T, Papale D, Smith P, et al. Predicting changes in soil organic carbon in Mediterranean and alpine forests during the Kyoto Protocol commitment periods using the CENTURY model[J]. Soil Use and Management, 2010, 26(4): 475-484.

[28] Coops N C, Waring R H, Landsberg J J. Assessing forest productivity in Australia and New Zealand using a physiologically-based model driven with averaged monthly weather data and satellite-derived estimates of canopy photosynthetic capacity [J]. Forest Ecology and Management, 1998, 104(1-3): 113-127.

[29] Cui T, Wang Y, Sun R, et al. Estimating vegetation primary production in the Heihe River Basin of China with multi-source and multi-scale data [J]. PloS one, 2016, 11(4): e0153971.

[30] DeFries R. Terrestrial vegetation in the coupled human-earth system: contributions of remote sensing[J]. Annual Review of Environment and Resources, 2008, 33: 369-390.

[31] Donat M G, Alexander L V, Yang H, et al. Global land-based datasets for monitoring climatic extremes [J]. Bulletin of the American Meteorological Society, 2013, 94(7):

997-1006.

[32]Dong J, Xiao X. Evolution of regional to global paddy rice mapping methods: A review[J]. ISPRS Journal of Photogrammetry and Remote Sensing, 2016, 119: 214-227.

[33]Dong T, Liu J, Shang J, et al. Assessing the impact of climate variability on cropland productivity in the canadian prairies using time series modis fapar[J]. Remote Sensing, 2016, 8(4): 281.

[34]Dye D G. Spectral composition and quanta-to-energy ratio of diffuse photosynthetically active radiation under diverse cloud conditions[J]. Journal of Geophysical Research: Atmospheres, 2004, 109(D10).

[35]Elert E. Rice by the numbers: A good grain[J]. Nature, 2014, 514(7524): S50-S50.

[36]Falge E, Baldocchi D, Olson R, et al. Gap filling strategies for defensible annual sums of net ecosystem exchange[J]. Agricultural and Forest Meteorology, 2001, 107(1): 43-69.

[37]Fei X H, Song Q H, Zhang Y P, et al. Patterns and controls of light use efficiency in four contrasting forest ecosystems in Yunnan, Southwest China[J]. Journal of Geophysical Research: Biogeosciences, 2019, 124(2): 293-311.

[38]Field C B, Randerson J T, Malmstrom C M. Global net primary production: Combining ecology and remote sensing[J]. Remote Sensing of Environment, 1995, 51(1): 74-88.

[39]Flanagan L B, Sharp E J, Gamon J A. Application of the photosynthetic light-use efficiency model in a northern Great Plains grassland[J]. Remote Sensing of Environment, 2015, 168: 239-251.

[40]Foley J A, Ramankutty N, Brauman K A, et al. Solutions for a cultivated planet[J]. Nature, 2011, 478(7369): 337-342.

[41]Foley J A, Prentice I C, Ramankutty N, et al. An integrated biosphere model of land surface processes, terrestrial carbon balance, and vegetation dynamics[J]. Global Biogeochemical Cycles, 1996, 10(4): 603-628.

[42]Foley J A, DeFries R, Asner G P, et al. Global consequences of land use[J]. Science, 2005, 309(5734): 570-574.

[43]Freeman C, Evans C D, Monteith D T, et al. Export of organic carbon from peat soils[J]. Nature, 2001, 412(6849): 785-785.

[44]Frolking S E, Bubier J L, Moore T R, et al. Relationship between ecosystem productivity and photosynthetically active radiation for northern peatlands[J]. Global Biogeochemical Cycles, 1998, 12(1): 115-126.

[45] Fu G, Zhang J, Shen Z X, et al. Validation of collection of 6 MODIS/Terra and MODIS/Aqua gross primary production in an alpine meadow of the Northern Tibetan Plateau[J]. International Journal of Remote Sensing, 2017, 38(16): 4517-4534.

[46] Gallego J, Delincé J. The European land use and cover area-frame statistical survey[J]. Agricultural Survey Methods, 2010: 149-168.

[47] Geng Z, Wei X, Liu H, et al. Performance analysis and comparison of GPP-based SDR systems[C]. 2017 7th IEEE International Symposium on Microwave, Antenna, Propagation, and EMC Technologies (MAPE). IEEE, 2017: 124-129.

[48] Gitelson A A, Peng Y, Masek J G, et al. Remote estimation of crop gross primary production with Landsat data[J]. Remote Sensing of Environment, 2012, 121: 404-414.

[49] Gocic M, Trajkovic S. Analysis of changes in meteorological variables using Mann-Kendall and Sen's slope estimator statistical tests in Serbia[J]. Global and Planetary Change, 2013, 100: 172-182.

[50] Goulden M L, McMillan A M S, Winston G C, et al. Patterns of NPP, GPP, respiration, and NEP during boreal forest succession[J]. Global Change Biology, 2011, 17(2): 855-871.

[51] Goulden M L, Daube B C, Fan S M, et al. Physiological responses of a black spruce forest to weather[J]. Journal of Geophysical Research: Atmospheres, 1997, 102(D24): 28987-28996.

[52] Guan K, Berry J A, Zhang Y, et al. Improving the monitoring of crop productivity using spaceborne solar-induced fluorescence[J]. Global Change Biology, 2016, 22(2): 716-726.

[53] Harazono Y, Chikamoto K, Kikkawa S, et al. Applications of MODIS-visible bands index, greenery ratio to estimate CO_2 budget of a rice paddy in Japan[J]. Journal of Agricultural Meteorology, 2009, 65(4): 365-374.

[54] Hatala J A, Detto M, Sonnentag O, et al. Greenhouse gas (CO_2, CH_4, H_2O) fluxes from drained and flooded agricultural peatlands in the Sacramento-San Joaquin Delta[J]. Agriculture, Ecosystems & Environment, 2012, 150: 1-18.

[55] Haxeltine A, Prentice I C. BIOME3: An equilibrium terrestrial biosphere model based on ecophysiological constraints, resource availability, and competition among plant functional types[J]. Global Biogeochemical Cycles, 1996, 10(4): 693-709.

[56] He H, Liu M, Xiao X, et al. Large-scale estimation and uncertainty analysis of gross primary production in Tibetan alpine grasslands[J]. Journal of Geophysical Research, 2014, 119

(3): 466-486.

[57]He M, Kimball J S, Maneta M P, et al. Regional crop gross primary productivity and yield estimation using fused landsat-MODIS data[J]. Remote Sensing, 2018, 10(3): 372.

[58] He M, Zhou Y, Ju W, et al. Evaluation and improvement of MODIS gross primary productivity in typical forest ecosystems of East Asia based on eddy covariance measurements [J]. Journal of Forest Research, 2013, 18(1): 31-40.

[59]He Q, Ju W, Dai S, et al. Drought risk of global terrestrial gross primary productivity over the last 40 years detected by a remote sensing-driven process model [J]. Journal of Geophysical Research: Biogeosciences, 2021, 126(6): e2020JG005944.

[60] Hong J K, Kwon H J, Lim J H, et al. Standardization of KoFlux eddy-covariance data processing[J]. Korean Journal of Agricultural and Forest Meteorology, 2009, 11(1): 19-26.

[61]Huang D, Chi H, Xin F, et al. Improved estimation of gross primary production of paddy rice cropland with changing model parameters over phenological transitions[J]. Ecological Modelling, 2021, 445: 109492.

[62]Huete A, Didan K, Miura T, et al. Overview of the radiometric and biophysical performance of the MODIS vegetation indices[J]. Remote Sensing of Environment, 2002, 83(1-2): 195-213.

[63]Huete A R, Liu H Q, Batchily K V, et al. A comparison of vegetation indices over a global set of TM images for EOS-MODIS[J]. Remote Sensing of Environment, 1997, 59(3): 440-451.

[64]Hutchinson G L, Livingston G P. 4. 5 Soil-atmosphere gas exchange[J]. Methods of Soil Analysis: Part 4 Physical Methods, 2002, 5: 1159-1182.

[65]Inoue Y, Penuelas J, Miyata A, et al. Normalized difference spectral indices for estimating photosynthetic efficiency and capacity at a canopy scale derived from hyperspectral and CO_2 flux measurements in rice[J]. Remote Sensing of Environment, 2008, 112(1): 156-172.

[66]Jang K, Kang S, Kim J, et al. Mapping evapotranspiration using MODIS and MM5 Four-Dimensional Data Assimilation[J]. Remote Sensing of Environment, 2010, 114(3): 657-673.

[67]Jiang X, Ruzmaikin A, Olsen E, et al. Correlations of the seasonal variability of AIRS Mid-tropospheric CO_2 with MODIS Derived Gross Primary Productivity (GPP)[J]. Pasadena, CA: Jet Propulsion Laboratory, National Aeronautics and Space Administration, 2012.

[68] Jin C, Xiao X, Merbold L, et al. Phenology and gross primary production of two dominant savanna woodland ecosystems in Southern Africa[J]. Remote Sensing of Environment, 2013, 135: 189-201.

[69] Joiner J, Yoshida Y, Zhang Y, et al. Estimation of terrestrial global gross primary production (GPP) with satellite data-driven models and eddy covariance flux data[J]. Remote Sensing, 2018, 10(9): 1346.

[70] Justice C, Townshend J, Vermote E, et al. An overview of MODIS Land data processing and product status[J]. Remote Sensing of Environment, 2002, 83(1-2): 3-15.

[71] Kalfas J L, Xiao X, Vanegas D X, et al. Modeling gross primary production of irrigated and rain-fed maize using MODIS imagery and CO_2 flux tower data[J]. Agricultural and Forest Meteorology, 2011, 151(12): 1514-1528.

[72] Kang M, Kim J, Kim H S, et al. On the nighttime correction of CO_2 flux measured by eddy covariance over temperate forests in complex terrain[J]. Korean Journal of Agricultural and Forest Meteorology, 2014, 16(3): 233-245.

[73] Kang X, Yan L, Zhang X, et al. Modeling gross primary production of a typical coastal wetland in China using MODIS time series and CO_2 eddy flux tower data[J]. Remote Sensing, 2018, 10(5): 708.

[74] Kim J. Toward Sustainability Assessment of Agricultural Ecosystem based on Thermodynamic Approach: A Case Study for Haenam Farmland in Korea[D]. Graduate School of Seoul National University, 2015.

[75] Kindermann J, Lüdeke M K B, Badeck F W, et al. Structure of A Global and Seasonal Carbon Exchange Model for The Terrestrial Biosphere The Frankfurt Biosphere Model (FBM)[J]. Terrestrial Biospheric Carbon Fluxes Quantification of Sinks and Sources of CO_2, 1993: 675-684.

[76] Kiniry J R, Mccauley G, Xie Y, et al. Rice parameters describing crop performance of four U.S. cultivars[J]. Agronomy Journal, 2001, 93(6): 1354-1361.

[77] Knox S H, Matthes J H, Sturtevant C, et al. Biophysical controls on interannual variability in ecosystem-scale CO_2 and CH_4 exchange in a California rice paddy[J]. Journal of Geophysical Research, 2016, 121(3): 978-1001.

[78] Knox S H, Sturtevant C, Matthes J H, et al. Agricultural peatland restoration: effects of land-use change on greenhouse gas (CO_2 and CH_4) fluxes in the Sacramento-San Joaquin Delta[J]. Global Change Biology, 2015, 21(2): 750-765.

[79]Kohlmaier G H, Badeck F W, Otto R D, et al. The Frankfurt Biosphere Model: a global process-oriented model of seasonal and long-term CO_2 exchange between terrestrial ecosystems and the atmosphere. Ⅱ. Global results for potential vegetation in an assumed equilibrium state[J]. Climate Research, 1997, 8(1): 61-87.

[80]Kwon H, Kim J, Hong J, et al. Influence of the Asian monsoon on net ecosystem carbon exchange in two major ecosystems in Korea[J]. Biogeosciences, 2010, 7(5): 1493-1504.

[81]Kwon H, Park T Y, Hong J, et al. Seasonality of net ecosystem carbon exchange in two major plant functional types in Korea[J]. Asia-Pacific Journal of Atmospheric Sciences, 2009, 45(2): 149-163.

[82]Lambin E F, Meyfroidt P. Global land use change, economic globalization, and the looming land scarcity[J]. Proceedings of the National Academy of Sciences, 2011, 108(9): 3465-3472.

[83]Landsberg J J, Waring R H. A generalised model of forest productivity using simplified concepts of radiation-use efficiency, carbon balance and partitioning[J]. Forest Ecology and Management, 1997, 95(3): 209-228.

[84]Li J, Cui Y, Liu J, et al. Estimation and analysis of net primary productivity by integrating MODIS remote sensing data with a light use efficiency model[J]. Ecological Modelling, 2013, 252: 3-10.

[85]Li P, Feng Z, Jiang L, et al. Changes in rice cropping systems in the Poyang Lake Region, China during 2004—2010[J]. Journal of Geographical Sciences, 2012, 22: 653-668.

[86]Li S, Li Y, Yuan J, et al. The impacts of the Three Gorges Dam upon dynamic adjustment mode alterations in the Jingjiang reach of the Yangtze River, China[J]. Geomorphology, 2018, 318: 230-239.

[87]Li Z, Yu G, Xiao X, et al. Modeling gross primary production of alpine ecosystems in the Tibetan Plateau using MODIS images and climate data[J]. Remote Sensing of Environment, 2007, 107(3): 510-519.

[88]Lieth H. Primary Production: Terrestrial Ecosystems[J]. Human Ecology, 1973, 1(4): 303-332.

[89]Lieth H. Modeling the Primary Productivity of the World[J]. the Indian Forester, 1975, 98(6): 237-263.

[90]Li H, Zheng L, Lei Y, et al. Comparison of NDVI and EVI based on EOS/MODIS data[J]. Progress in Geography, 2010, 26(1): 26-32.

[91] Liu J F, Chen S P, Han X G. Modeling gross primary production of two steppes in Northern China using MODIS time series and climate data[J]. Procedia Environmental Sciences, 2012, 13: 742-754.

[92] Lloyd J, Taylor J A. On the temperature dependence of soil respiration[J]. Functional Ecology, 1994, 8(3): 315-323.

[93] Lobell D B, Hicke J A, Asner G P, et al. Satellite estimates of productivity and light use efficiency in United States agriculture, 1982—1998[J]. Global Change Biology, 2002, 8(8): 722-735.

[94] Lobell D B, Asner G P, Ortiz-Monasterio J I, et al. Remote sensing of regional crop production in the Yaqui Valley, Mexico: estimates and uncertainties[J]. Agriculture, Ecosystems & Environment, 2003, 94(2): 205-220.

[95] Luo X, Jia B, Lai X J A, et al. Contributions of climate change, land use change and CO2 to changes in the gross primary productivity of the Tibetan Plateau[J]. Atmospheric and Oceanic Science Letters, 2020, 13(1): 8-15.

[96] Ma J, Zhang C, Yun W, et al. The temporal analysis of regional cultivated land productivity with GPP based on 2000—2018 MODIS data[J]. Sustainability, 2020, 12(1): 411.

[97] Ma X, Huete A R, Yu Q, et al. Parameterization of an ecosystem light-use-efficiency model for predicting savanna GPP using MODIS EVI[J]. Remote Sensing of Environment, 2014, 154(1): 253-271.

[98] Madugundu R, Al-Gaadi K A, Tola E, et al. Estimation of gross primary production of irrigated maize using Landsat-8 imagery and Eddy Covariance data[J]. Saudi Journal of Biological Sciences, 2017, 24(2): 410-420.

[99] Mc Carthy U, Uysal I, Badia-Melis R, et al. Global food security-Issues, challenges and technological solutions[J]. Trends in Food Science & Technology, 2018, 77: 11-20.

[100] Mcguire A D, Melillo J M, Kicklighter D W, et al. Equilibrium responses of global net primary production and carbon storage to doubled atmospheric carbon dioxide: Sensitivity to changes in vegetation nitrogen concentration[J]. Global Biogeochemical Cycles, 1997, 11(2): 173-189.

[101] Meek D W, Hatfield J L, Howell T A, et al. A generalized relationship between photosynthetically active radiation and solar radiation 1[J]. Agronomy Journal, 1984, 76(6): 939-945.

[102] Melillo J M, Mcguire A D, Kicklighter D W, et al. Global climate change and terrestrial

net primary production[J]. Nature, 1993, 363(6426): 234-240.

[103] Monteith J L. Solar-Radiation and Productivity in Tropical Ecosystems [J]. Journal of Applied Ecology, 1972, 9(3): 747-766.

[104] Monteith J L. Climate and the efficiency of crop production in Britain[J]. Philosophical Transactions of the Royal Society of London. B, Biological Sciences, 1977, 281(980): 277-294.

[105] Mueller B, Seneviratne S I. Hot days induced by precipitation deficits at the global scale[J]. Proceedings of the National Academy of Sciences, 2012, 109(31): 12398-12403.

[106] Nichol C J, Huemmrich K F, Black T A, et al. Remote sensing of photosynthetic-light-use efficiency of borcal forest [J]. Agricultural and Forest Meteorology, 2000, 101(2): 131-142.

[107] Ollinger S V. Modeling physical and chemical climate of the northeastern United States for a geographic information system[M]. US Department of Agriculture, Forest Service, Northeastern Forest Experiment Station, 1995.

[108] Ono K, Mano M, Han G H, et al. Environmental Controls on Fallow Carbon Dioxide Flux in a Single-Crop Rice Paddy, Japan[J]. Land Degradation & Development, 2015, 26(4): 331-339.

[109] Pachauri R K, Allen M R, Barros V R, et al. Climate Change 2014: Synthesis Report. Contribution of Working Groups Ⅰ, Ⅱ and Ⅲ to the Fifth Assessment Report of the Intergovernmental Panel on Climate Change[M]. Geneva, Switzerland: IPCC, 2014: 151.

[110] Pan Y, Mcguire A D, Kicklighter D W, et al. The importance of climate and soils for estimates of net primary production: a sensitivity analysis with the terrestrial ecosystem model[J]. Global Change Biology, 1996, 2(1): 5-23.

[111] Park H, Im J, Kim M. Improvement of satellite-based gross primary production through incorporation of high resolution input data over east asia [C]//EGU General Assembly Conference Abstracts. 2016: EPSC2016-10793.

[112] Parton W J, Schimel D S, Cole C V, et al. Analysis of factors controlling soil organic matter levels in Great Plains grasslands[J]. Soil Science Society of America Journal, 1987, 51(5): 1173-1179.

[113] Parton W J, Scurlock J M O, Ojima D S, et al. Observations and modeling of biomass and soil organic matter dynamics for the grassland biome worldwide[J]. Global Biogeochemical Cycles, 1993, 7(4): 785-809.

[114] Parton W J, Scurlock J M O, Ojima D, et al. Impact of climate change on grassland production and soil carbon worldwide[J]. Global Change Biology, 1995, 1(1): 13-22.

[115] Parton W J, Stewart J W B, Cole C V. Dynamics of C, N, P and S in grassland soils: a model[J]. Biogeochemistry, 1988, 5(1): 109-131.

[116] Patel N R, Dadhwal V K, Agrawal S, et al. Satellite driven estimation of primary productivity of agroecosystems in India [J]. The International Archives of the Photogrammetry, Remote Sensing and Spatial Information Sciences, 2012, 38: 134-139.

[117] Peng D, Huang J, Li C, et al. Modelling paddy rice yield using MODIS data[J]. Agricultural and Forest Meteorology, 2014, 184: 107-116.

[118] Potter C S. Terrestrial Biomass and the Effects of Deforestation on the Global Carbon Cycle[J]. Bioscience, 1999, 49(10): 769-778.

[119] Potter C S, Randerson J T, Field C B, et al. Terrestrial ecosystem production: A process model based on global satellite and surface data[J]. Global Biogeochemical Cycles, 1993, 7(4): 811-841.

[120] Prince S D, Goward S N. Global Primary Production: A Remote Sensing Approach[J]. Journal of Biogeography, 1995, 22(4/5): 815-835.

[121] Raich J W, Rastetter E B, Melillo J M, et al. Potential Net Primary Productivity in South America: Application of a Global Model[J]. Ecological Applications, 1991, 1(4): 399-429.

[122] Randall D A, Dazlich D A, Zhang C, et al. A Revised Land Surface Parameterization (SiB2) for GCMS. Part Ⅲ: The Greening of the Colorado State University General Circulation Model[J]. Journal of Climate, 1996, 9(4): 738-763.

[123] Reichstein M, Falge E, Baldocchi D D, et al. On the separation of net ecosystem exchange into assimilation and ecosystem respiration: review and improved algorithm[J]. Global Change Biology, 2005, 11(9): 1424-1439.

[124] Ren S, Yuan B, Ma X, et al. International trade, FDI (foreign direct investment) and embodied CO2 emissions: A case study of China's industrial sectors[J]. China economic review, 2014, 28: 123-134.

[125] Ren X L, He H L, Zhang L, et al. Spatiotemporal variability analysis of diffuse radiation in China during 1981—2010[C]//Annales Geophysicae. Göttingen, Germany: Copernicus Publications, 2013, 31(2): 277-289.

[126] Ruimy A, Dedieu G, Saugier B. TURC: A diagnostic model of continental gross primary

productivity and net primary productivity[J]. Global Biogeochemical Cycles, 1996, 10(2): 269-285.

[127]Ruimy A, Jarvis P G, Baldocchi D D, et al. CO_2 fluxes over plant canopies and solar radiation: a review[J]. Advances in Ecological Research, 1995, 26: 1-68.

[128]Ruimy A, Kergoat L, Bondeau A, et al. Comparing global models of terrestrial net primary productivity (NPP): Analysis of differences in light absorption and light-use efficiency[J]. Global Change Biology, 1999, 5(S1): 56-64.

[129]Ruimy A, Saugier B, Dedieu G. Methodology for the estimation of terrestrial net primary production from remotely sensed data[J]. Journal of Geophysical Research: Atmospheres, 1994, 99(D3): 5263-5283.

[130]Running S W, Baldocchi D D, Turner D P, et al. A global terrestrial monitoring network integrating tower fluxes, flask sampling, ecosystem modeling and EOS satellite data[J]. Remote Sensing of Environment, 1999, 70(1): 108-127.

[131]Running S W, Coughlan J C. A general model of forest ecosystem processes for regional applications I. Hydrologic balance, canopy gas exchange and primary production processes[J]. Ecological Modelling, 1988, 42(2): 125-154.

[132]Running S W, Gower S T. FOREST-BGC, a general model of forest ecosystem processes for regional applications. Ⅱ. Dynamic carbon allocation and nitrogen budgets[J]. Tree Physiology, 1991, 9(1-2): 147-160.

[133]Running S W, Nemani R R, Heinsch F A, et al. A continuous satellite-derived measure of global terrestrial primary production[J]. Bioscience, 2004, 54(6): 547-560.

[134]Running S W, Thornton P E, Nemani R, et al. Global terrestrial gross and net primary productivity from the earth observing system[M]//Methods in ecosystem science. New York, NY: Springer New York, 2000: 44-57.

[135]Ryu Y, Kang S, Moon S K, et al. Evaluation of land surface radiation balance derived from moderate resolution imaging spectroradiometer (MODIS) over complex terrain and heterogeneous landscape on clear sky days[J]. Agricultural and Forest Meteorology, 2008, 148(10): 1538-1552.

[136]Saito M, Asanuma J, Miyata A. Dual-scale transport of sensible heat and water vapor over a short canopy under unstable conditions[J]. Water Resources Research, 2007, 43(5).

[137]Saito M, Miyata A, Nagai H, et al. Seasonal variation of carbon dioxide exchange in rice paddy field in Japan[J]. Agricultural and Forest Meteorology, 2005, 135(1-4): 93-109.

[138]Sánchez M L, Pardo N, Pérez I A, et al. GPP and maximum light use efficiency estimates using different approaches over a rotating biodiesel crop[J]. Agricultural and Forest Meteorology, 2015, 214: 444-455.

[139]Sasai T, Nakai S, Setoyama Y, et al. Analysis of the spatial variation in the net ecosystem production of rice paddy fields using the diagnostic biosphere model, BEAMS[J]. Ecological Modelling, 2012, 247: 175-189.

[140]Savitzky A, Golay M J E. Smoothing and differentiation of data by simplified least squares procedures[J]. Analytical Chemistry, 1964, 36(8): 1627-1639.

[141]Schimel D S, Parton W J, Kittel T G F, et al. Grassland biogeochemistry: Links to atmospheric processes[J]. Climatic Change, 1990, 17(1): 13-25.

[142]Sellers P J, Berry J A, Collatz G J, et al. Canopy reflectance, photosynthesis, and transpiration. Ⅲ. A reanalysis using improved leaf models and a new canopy integration scheme[J]. Remote Sensing of Environment, 1992, 42(3): 187-216.

[143]Sellers P J, Randall D A, Collatz G J, et al. A revised land surface parameterization (SiB2) for atmospheric GCMs. Part I: Model formulation[J]. Journal of Climate, 1996, 9(4): 676-705.

[144]Sellers P J, Tucker C J, Collatz G J, et al. A revised land surface parameterization (SiB2) for atmospheric GCMs. Part Ⅱ: The generation of global fields of terrestrial biophysical parameters from satellite data[J]. Journal of Climate, 1996, 9(4): 706-737.

[145]Shan N, Xi L, Zhang Q, et al. Better revisiting chlorophyll content retrieval with varying senescent material and solar-induced chlorophyll fluorescence simulation on paddy rice during the entire growth stages[J]. Ecological Indicators, 2021, 130: 108057.

[146]Shihua L, Ping H, Baosheng L, et al. Modeling of maize gross primary production using MODIS imagery and flux tower data[J]. International Journal of Agricultural and Biological Engineering, 2016, 9(2): 110-118.

[147]Si G H, Peng C L, Xu X Y, et al. Effect of integrated rice-crayfish farming system on soil physico-chemical properties in waterlogged paddy soils[J]. Zhongguo Shengtai Nongye Xuebao/Chinese Journal of Eco-Agriculture, 2017, 25(1): 61-68.

[148]Sims D A, Rahman A F, Cordova V D, et al. A new model of gross primary productivity for North American ecosystems based solely on the enhanced vegetation index and land surface temperature from MODIS[J]. Remote Sensing of Environment, 2008, 112(4): 1633-1646.

[149]Sims D A, Rahman A F, Cordova V D, et al. On the use of MODIS EVI to assess gross

primary productivity of North American ecosystems[J]. Journal of Geophysical Research Biogeosciences, 2015, 111(G4): 695-702.

[150] Sims D A, Rahman A F, Cordova V D, et al. On the use of MODIS EVI to assess gross primary productivity of North American ecosystems[J]. Journal of Geophysical Research, 2006, 111(4).

[151] Spielmann F M, Wohlfahrt G, Hammerle A, et al. Gross primary productivity of four European ecosystems constrained by joint CO_2 and COS flux measurements[J]. Geophysical Research Letters, 2019, 46(10): 5284-5293.

[152] Still C J, Fung I Y, Baldocchi D D, et al. Atmospheric Constraints on Carbon Exchange Processcs from CO_2 Inversions [C]//AGU Fall Meeting Abstracts. 2001, 2001: B22C-0160.

[153] Tagesson T, Ardo J, Cappelaere B, et al. Modelling spatial and temporal dynamics of gross primary production in the Sahel from earth-observation-based photosynthetic capacity and quantum efficiency[J]. Biogeosciences, 2017, 14(5): 1333-1348.

[154] Thornton P E, Law B E, Gholz H L, et al. Modeling and measuring the effects of disturbance history and climate on carbon and water budgets in evergreen needleleaf forests[J]. Agricultural and Forest Meteorology, 2002, 113(1-4): 185-222.

[155] Tilman D, Balzer C, Hill J, et al. Global food demand and the sustainable intensification of agriculture[J]. Proceedings of the National Academy of Sciences, 2011, 108(50): 20260-20264.

[156] Turner D P, Ritts W D, Cohen W B, et al. Site-level evaluation of satellite-based global terrestrial gross primary production and net primary production monitoring[J]. Global Change Biology, 2005, 11(4): 666-684.

[157] Uchijima Z, Seino H. Agroclimatic evaluation of net primary productivity of natural vegetations (1) Chikugo model for evaluating net primary productivity[J]. Journal of Agricultural Meteorology, 1985, 40(4): 343-352.

[158] Veroustraete F, Sabbe H, Eerens H. Estimation of carbon mass fluxes over Europe using the C-Fix model and Euroflux data[J]. Remote Sensing of Environment, 2002, 83(3): 376-399.

[159] Vitarelli A, Conde Y, Cimino E, et al. Quantitative assessment of systolic and diastolic ventricular function with tissue Doppler imaging after Fontan type of operation[J]. International Journal of Cardiology, 2005, 102(1): 61-69.

[160] Wagle P, Xiao X, Suyker A E. Estimation and analysis of gross primary production of soybean under various management practices and drought conditions[J]. ISPRS Journal of Photogrammetry and Remote Sensing, 2015, 99: 70-83.

[161] Wagle P, Xiao X, Torn M S, et al. Sensitivity of vegetation indices and gross primary production of tallgrass prairie to severe drought[J]. Remote Sensing of Environment, 2014, 152: 1-14.

[162] Wagle P, Zhang Y, Jin C, et al. Comparison of solar-induced chlorophyll fluorescence, light-use efficiency, and process-based GPP models in maize[J]. Ecological Applications, 2016, 26(4): 1211-1222.

[163] Wang H, Jia G, Fu C, et al. Deriving maximal light use efficiency from coordinated flux measurements and satellite data for regional gross primary production modeling[J]. Remote Sensing of Environment, 2010, 114(10): 2248-2258.

[164] Wang H, Li X, Long H, et al. A study of the seasonal dynamics of grassland growth rates in Inner Mongolia based on AVHRR data and a light-use efficiency model[J]. International Journal of Remote Sensing, 2009, 30(14): 3799-3815.

[165] Wang J, Sun H, Xiong J, et al. Dynamics and drivers of vegetation phenology in three-river headwaters region based on the Google Earth engine[J]. Remote Sensing, 2021, 13(13): 2528.

[166] Wang L, Zhu H, Lin A, et al. Evaluation of the latest MODIS GPP products across multiple biomes using Global Eddy Covariance Flux Data[J]. Remote Sensing, 2017, 9(5): 418.

[167] Wang X, Li X, Fischer G, et al. Impact of the changing area sown to winter wheat on crop water footprint in the North China Plain[J]. Ecological Indicators, 2015, 57: 100-109.

[168] Wang X, Ma M, Li X, et al. Validation of MODIS-GPP product at 10 flux sites in northern China[J]. International Journal of Remote Sensing, 2013, 34(2): 587-599.

[169] Wang Z, Xiao X, Yan X. Modeling gross primary production of maize cropland and degraded grassland in northeastern China[J]. Agricultural and Forest Meteorology, 2010, 150(9): 1160-1167.

[170] Warnant P, Francois L, Strivay D, et al. CARAIB: A global model of terrestrial biological productivity[J]. Global Biogeochemical Cycles, 1994, 8(3): 255-270.

[171] Weiss A, Norman J M. Partitioning solar radiation into direct and diffuse, visible and near-infrared components[J]. Agricultural and Forest Meteorology, 1985, 34(2-3): 205-213.

[172] Wilson K B, Baldocchi D D. Comparing independent estimates of carbon dioxide exchange over 5 years at a deciduous forest in the southeastern United States [J]. Journal of Geophysical Research: Atmospheres, 2001, 106(D24): 34167-34178.

[173] Woodward F I, Smith T M, Emanuel W R. A global land primary productivity and phytogeography model[J]. Global Biogeochemical Cycles, 1995, 9(4): 471-490.

[174] Wu C, Chen J M, Desai A R, et al. Remote sensing of canopy light use efficiency in temperate and boreal forests of North America using MODIS imagery[J]. Remote Sensing of Environment, 2012, 118: 60-72.

[175] Wu C, Chen J M, Huang N. Predicting gross primary production from the enhanced vegetation indcx and photosynthetically active radiation: Evaluation and calibration [J]. Remote Sensing of Environment, 2011, 115(12): 3424-3435.

[176] Wu C, Munger J W, Niu Z, et al. Comparison of multiple models for estimating gross primary production using MODIS and eddy covariance data in Harvard Forest[J]. Remote Sensing of Environment, 2010, 114(12): 2925-2939.

[177] Wu C, Zheng N, Wang J, et al. Predicting leaf area index in wheat using angular vegetation indices derived from in situ canopy measurements [J]. Canadian Journal of Remote Sensing, 2010, 36(4): 301-312.

[178] Wu J B, Xiao X M, Guan D X, et al. Estimation of the gross primary production of an old-growth temperate mixed forest using eddy covariance and remote sensing[J]. International Journal of Remote Sensing, 2009, 30(2): 463-479.

[179] Wu W X, Wang S Q, Xiao X M, et al. Modeling gross primary production of a temperate grassland ecosystem in Inner Mongolia, China, using MODIS imagery and climate data[J]. Science in China Series D: Earth Sciences, 2008, 51(10): 1501-1512.

[180] Wu X, Xiao X, Zhang Y, et al. Spatiotemporal consistency of four gross primary production products and solar-induced fluorescence in response to climate extremes across CONUS in 2012[C]//AGU Fall Meeting Abstracts. 2018, 2018: B31N-2678.

[181] Wu Y, Wang X, Ouyang S, et al. A test of BIOME-BGC with dendrochronology for forests along the altitudinal gradient of Mt. Changbai in northeast China [J]. Journal of Plant Ecology, 2017, 10(3): 415-425.

[182] Xia J, Deng S, Lu J, et al. Dynamic channel adjustments in the Jingjiang Reach of the Middle Yangtze River[J]. Scientific Reports, 2016, 6(1): 22802.

[183] Xiao J, Davis K J, Urban N M, et al. Upscaling carbon fluxes from towers to the regional

scale: Influence of parameter variability and land cover representation on regional flux estimates[J]. Journal of Geophysical Research: Biogeosciences, 2011, 116(G3).

[184]Xiao X, He L, Salas W, et al. Quantitative relationships between field-measured leaf area index and vegetation index derived from VEGETATION images for paddy rice fields[J]. International Journal of Remote Sensing, 2002, 23(18): 3595-3604.

[185]Xiao X, Hollinger D, Aber J, et al. Satellite-based modeling of gross primary production in an evergreen needleleaf forest[J]. Remote Sensing of Environment, 2004, 89(4): 519-534.

[186]Xiao X, Yan H, Kalfas J, et al. Satellite-based modeling of Gross Primary Production of terrestrial ecosystems[J]. advances in environmental remote sensing: sensors, algorithms, and application. Taylor & Francis Group, Boca Raton, 2011: 367-397.

[187] Xiao X, Zhang Q, Braswell B, et al. Modeling gross primary production of temperate deciduous broadleaf forest using satellite images and climate data[J]. Remote Sensing of Environment, 2004, 91(2): 256-270.

[188]Xiao X, Zhang Q, Hollinger D, et al. Modeling gross primary production of an evergreen needleleaf forest using MODIS and climate data[J]. Ecological Applications, 2005, 15(3): 954-969.

[189]Xiao X, Zhang Q, Saleska S, et al. Satellite-based modeling of gross primary production in a seasonally moist tropical evergreen forest[J]. Remote Sensing of Environment, 2005, 94(1): 105-122.

[190]Xiao Z, Liang S, Wang J, et al. Use of general regression neural networks for generating the GLASS leaf area index product from time-series MODIS surface reflectance[J]. IEEE Transactions on Geoscience and Remote Sensing, 2013, 52(1): 209-223.

[191]Xie S, Mo X, Hu S, et al. Contributions of climate change, elevated atmospheric CO_2 and human activities to ET and GPP trends in the Three-North Region of China[J]. Agricultural and Forest Meteorology, 2020, 295: 108183.

[192] Xin F, Xiao X, Dong J, et al. Large increases of paddy rice area, gross primary production, and grain production in Northeast China during 2000—2017[J]. Science of the Total Environment, 2020, 711: 135183.

[193]Xin F, Xiao X, Zhao B, et al. Modeling gross primary production of paddy rice cropland through analyses of data from CO_2 eddy flux tower sites and MODIS images[J]. Remote Sensing of Environment, 2017, 190: 42-55.

[194] Xu B, Guo Z D, Piao S L, et al. Biomass carbon stocks in China's forests between 2000 and 2050: A prediction based on forest biomass-age relationships[J]. Science China Life Sciences, 2010, 53: 776-783.

[195] Xu F, Li Z, Zhang S, et al. Mapping winter wheat with combinations of temporally aggregated Sentinel-2 and Landsat-8 data in Shandong Province, China[J]. Remote Sensing, 2020, 12(12): 2065.

[196] Xu W, Chen X, Luo G, et al. Using the CENTURY model to assess the impact of land reclamation and management practices in oasis agriculture on the dynamics of soil organic carbon in the arid region of North-western China[J]. Ecological Complexity, 2011, 8(1): 30-37.

[197] Xu X, Ji X, Jiang J, et al. Evaluation of One-Class Support Vector Classification for Mapping the Paddy Rice Planting Area in Jiangsu Province of China from Landsat 8 OLI Imagery[J]. Remote Sensing, 2018, 10(4): 546.

[198] Xue W, Lindner S, Dubbert M, et al. Supplement understanding of the relative importance of biophysical factors in determination of photosynthetic capacity and photosynthetic productivity in rice ecosystems[J]. Agricultural and Forest Meteorology, 2017, 232: 550-565.

[199] Xue W, Lindner S, Nayhtoon B, et al. Nutritional and developmental influences on components of rice crop light use efficiency[J]. Agricultural and Forest Meteorology, 2016, 223: 1-16.

[200] Yan G, Hu R, Luo J, et al. Review of indirect optical measurements of leaf area index: Recent advances, challenges, and perspectives[J]. Agricultural and forest meteorology, 2019, 265: 390-411.

[201] Yan H, Fu Y, Xiao X, et al. Modeling gross primary productivity for winter wheat-maize double cropping system using MODIS time series and CO_2 eddy flux tower data[J]. Agriculture, Ecosystems & Environment, 2009, 129(4): 391-400.

[202] Yang H, Dobermann A, Cassman K G, et al. Features, Applications, and Limitations of the Hybrid-Maize Simulation Model[J]. Agronomy Journal, 2006, 98(3): 737-748.

[203] Yang H S, Dobermann A, Lindquist J L, et al. Hybrid-maize—a maize simulation model that combines two crop modeling approaches[J]. Field Crops Research, 2004, 87(2-3): 131-154.

[204] Yuan W, Liu S, Yu G, et al. Global estimates of evapotranspiration and gross primary

production based on MODIS and global meteorology data [J]. Remote Sensing of Environment, 2010, 114(7): 1416-1431.

[205] Yuan W, Liu S, Zhou G, et al. Deriving a light use efficiency model from eddy covariance flux data for predicting daily gross primary production across biomes[J]. Agricultural and Forest Meteorology, 2007, 143(3-4): 189-207.

[206] Zachos J, Pagani M, Sloan L, et al. Trends, rhythms, and aberrations in global climate 65 Ma to present[J]. Science, 2001, 292(5517): 686-693.

[207] Zhang J, Hu Y, Xiao X, et al. Satellite-based estimation of evapotranspiration of an old-growth temperate mixed forest[J]. Agricultural and Forest Meteorology, 2009, 149(6-7): 976-984.

[208] Zhang Q, Lei H, Yang D, et al. Decadal variation in CO_2 fluxes and its budget in a wheat and maize rotation cropland over the North China Plain[J]. Biogeosciences, 2020, 17(8): 2245-2262.

[209] Zhang X, Friedl M A, Schaaf C B, et al. Monitoring vegetation phenology using MODIS[J]. Remote Sensing of Environment, 2003, 84(3): 471-475.

[210] Zhang Y, Xiao X, Jin C, et al. Consistency Between Sun-Induced Chlorophyll Fluorescence and Gross Primary Production of Vegetation in North America[J]. Remote Sensing of Environment, 2016, 183: 154-169.

[211] Zhang Y, Xiao X, Wu X, et al. A global moderate resolution dataset of gross primary production of vegetation for 2000—2016[J]. Scientific Data, 2017, 4(1): 1-13.

[212] Zhao M, Heinsch F A, Nemani R R, et al. Improvements of the MODIS terrestrial gross and net primary production global data set[J]. Remote Sensing of Environment, 2005, 95(2): 164-176.

[213] Zhu X, Hou C, Xu K, et al. Establishment of agricultural drought loss models: A comparison of statistical methods[J]. Ecological Indicators, 2020, 112: 106084.

[214] Zhu X, Pei Y, Zheng Z, et al. Underestimates of Grassland Gross Primary Production in MODIS Standard Products[J]. Remote Sensing, 2018, 10(11): 1771.

[215] Zuo D K, Wang Y X, Chen J S. Characteristics of the distribution of total radiation in China[J]. Acta Meteorologica Sinica, 1963, 33(1): 78-96.

[216] 白建辉，王庚辰，刘恩民，等. 禹城地区光合有效辐射的计算方法[J]. 山东气象，2009，29(2): 1-7.

[217] 鲍颖. 全球碳循环过程的数值模拟与分析[D]. 青岛：中国海洋大学，2011.

[218]陈静清，闫慧敏，王绍强，等. 中国陆地生态系统总初级生产力 VPM 遥感模型估算[J]. 第四纪研究，2014，34(4)：732-742.

[219]丁一汇，任国玉，石广玉，等. 气候变化国家评估报告（Ⅰ）：中国气候变化的历史和未来趋势[J]. 气候变化研究进展，2006，2(1)：3.

[220]冯险峰，刘高焕，陈述彭，等. 陆地生态系统净第一性生产力过程模型研究综述[J]. 自然资源学报，2004，19(3)：369-378.

[221]高凤杰，单培明，马泉来，等. 黑土耕作区土壤含水量空间自相关及农业生产分区[J]. 自然资源学报，2017，32(11)：1930-1941.

[222]耿元波，董云社，孟维奇. 陆地碳循环研究进展[J]. 地理科学进展，2000，19(4)：297-306.

[223]国志兴，王宗明，刘殿伟，等. 三江平原农田生产力时空特征分析[J]. 农业工程学报，2009，25(1)：249-254.

[224]韩连贵，王岩，王其文，等. 农业综合开发的产生、发展、变化历程[J]. 财政科学，2017(7)：27-35.

[225]韩晓阳，刘文兆，朱元骏. 长武塬区光合有效辐射的基本特征及气候学计算[J]. 干旱地区农业研究，2012，30(4)：166-171.

[226]何洪林，于贵瑞，牛栋. 复杂地形条件下的太阳资源辐射计算方法研究[J]. 资源科学，2003，25(1)：78-85.

[227]何建坤，刘滨，陈迎，等. 气候变化国家评估报告（Ⅲ）：中国应对气候变化对策的综合评价[J]. 气候变化研究进展，2006，2(4)：147.

[228]洪长桥，金晓斌，陈昌春，等. 集成遥感数据的陆地净初级生产力估算模型研究综述[J]. 地理科学进展，2017，36(8)：924-939.

[229]黄康有，郑卓. CARAIB 陆地碳循环模型研究进展及其应用[J]. 热带地理，2007，27(6)：483-488.

[230]冀咏赞，闫慧敏，刘纪远，等. 基于 MODIS 数据的中国耕地高中低产田空间分布格局[J]. 地理学报，2015，70(5)：766-778.

[231]李高飞，任海，李岩，等. 植被净第一性生产力研究回顾与发展趋势[J]. 生态科学，2003，22(4)：360-365.

[232]韩云芳，严平，陈琛，等. 淮河流域农田生态系统碳通量变化特征[J]. 安徽农学通报，2013，19(22)：82-83.

[233]李仁东，程学军，隋晓丽. 江汉平原土地利用的时空变化及其驱动因素分析[J]. 地理研究，2003，22(4)：423-431.

[234]李仁东，隋晓丽，彭映辉，等. 湖北省近期土地利用变化的遥感分析[J]. 长江流域资源与环境，2003，12(4)：322-326.
[235]梁益同，刘可群，夏智宏. 利用 FY-2C 卫星资料估算太阳辐射研究[J]. 气象科技，2009，37(2)：234-238.
[236]林而达，许吟隆，吴绍洪. 气候变化国家评估报告（Ⅱ）：气候变化的影响与适应[J]. 气候变化研究进展，2007（z1）：6-11.
[237]刘爱琳，匡文慧，张弛. 1990—2015 年中国工矿用地扩张及其对粮食安全的潜在影响[J]. 地理科学进展，2017，36(5)：618-625.
[238]刘纪远，匡文慧，张增祥，等. 20 世纪 80 年代末以来中国土地利用变化的基本特征与空间格局[J]. 地理学报，2014，69(1)：3-14.
[239]刘建锋，肖文发，郭明春，等. 基于 3-PGS 模型的中国陆地植被 NPP 格局[J]. 林业科学，2011，47(5)：16-22.
[240]刘可群，陈正洪，梁益同，等. 日太阳总辐射推算模型[J]. 中国农业气象，2008，29(1)：16-19.
[241]刘天明，李翠菊. 全球变暖对我国农田生态系统的影响初探[J]. 资源环境与发展，2008(4)：12-14.
[242]刘文超，颜长珍，秦元伟，等. 近 20a 陕北地区耕地变化及其对农田生产力的影响[J]. 自然资源学报，2013，28(8)：1373-1382.
[243]刘曦，国庆喜，刘经伟. IBIS 模型验证与东北东部森林 NPP 季节变化模拟研究[J]. 森林工程，2010，26(4)：1-7.
[244]刘曦，国庆喜，刘经伟. IBIS 模拟东北东部森林 NPP 主要影响因子的敏感性[J]. 生态学报，2011，31(7)：1772-1782.
[245]刘宪锋，潘耀忠，朱秀芳，等. 2000—2014 年秦巴山区植被覆盖时空变化特征及其归因[J]. 地理学报，2015，70(5)：705-716.
[246]刘毅，李世清，陈新平，等. 黄土旱塬 Hybrid-Maize 模型适应性及春玉米生产潜力估算[J]. 农业工程学报，2008，24(12)：302-308.
[247]罗亮，闫慧敏，牛忠恩. 农田生产力监测中 3 种多源遥感数据融合方法的对比分析[J]. 地球信息科学学报，2018，20(2)：268-279.
[248]罗玲，王宗明，宋开山，等. 2000—2006 年松嫩平原农田生产力时空特征与影响因素研究[J]. 农业系统科学与综合研究，2010，26(4)：468-474.
[249]倪健. BIOME 系列模型：主要原理与应用[J]. 植物生态学报，2002，26(4)：481.
[250]聂修和，聂宜茂，聂俊华，等. 光合有效辐射测量原理及其单位换算[J]. 山东农业大

学学报(自然科学版), 1992, 23(3): 247-253.

[251]牛忠恩, 闫慧敏, 陈静清, 等. 基于 VPM 与 MOD17 产品的中国农田生态系统总初级生产力估算比较[J]. 农业工程学报, 2016, 32(4): 191-198.

[252]牛忠恩, 闫慧敏, 黄玫, 等. 基于 MODIS-OLI 遥感数据融合技术的农田生产力估算[J]. 自然资源学报, 2016, 31(5): 875-885.

[253]邵月红. 我国亚热带和温带土壤有机碳动态变化及 InTEC 模型的验证[D]. 南京: 南京农业大学, 2005.

[254]宋冰, 牛书丽. 全球变化与陆地生态系统碳循环研究进展[J]. 西南民族大学学报(自然科学版), 2016, 42(1): 14-23.

[255]苏清荷, 安沙舟, 赵玲. 基于5种气候生产力模型的天山北坡主要草地类型 NPP 计算分析[J]. 新疆农业科学, 2010, 47(9): 1786-1791.

[256]苏荣瑞, 刘凯文, 耿一风, 等. 江汉平原稻田冠层 CO_2通量变化特征及其影响因素分析[J]. 长江流域资源与环境, 2013, 22(9): 1214-1220.

[257]孙鳌, 朱启疆. 陆地植被净第一性生产力的研究[J]. 应用生态学报, 1999(6): 757-760.

[258]谭娟, 沈新勇, 李清泉. 海洋碳循环与全球气候变化相互反馈的研究进展[J]. 气象研究与应用, 2009, 30(1): 33-36.

[259]汤绪, 杨续超, 田展, 等. 气候变化对中国农业气候资源的影响[J]. 资源科学, 2011, 33(10): 1962-1968.

[260]陶波, 葛全胜, 李克让, 等. 陆地生态系统碳循环研究进展[J]. 地理研究, 2001, 20(5): 564-575.

[261]童成立, 张文菊, 汤阳, 等. 逐日太阳辐射的模拟计算[J]. 中国农业气象, 2005, 26(03): 165-169.

[262]王芳, 汪左, 张运. 2000—2015 年安徽省植被净初级生产力时空分布特征及其驱动因素[J]. 生态学报, 2018, 38(8): 2754-2767.

[263]王宏志, 宋明洁, 李仁东, 等. 江汉平原建设用地扩张的时空特征与驱动力分析[J]. 长江流域资源与环境, 2011, 20(4): 416-421.

[264]王劲峰, 徐成东. 地理探测器: 原理与展望[J]. 地理学报, 2017, 72(1): 116-134.

[265]王明玖, 张存厚. 内蒙古草地气候变化及对畜牧业的影响分析[J]. 内蒙古草业, 2013, 25(1): 5-12.

[266]王萍. 基于 IBIS 模型的东北森林净第一性生产力模拟[J]. 生态学报, 2009, 29(6): 3213-3220.

[267]王尚明，胡继超，吴高学，等. 亚热带稻田生态系统 CO_2通量特征分析[J]. 环境科学学报，2011，31(1)：217-224.

[268]王铁虹，史学正，王美艳，等. 2001—2010 年中国农田生态系统 NPP 的时空演变特征[J]. 土壤学报，2017，54(2)：319-330.

[269]卫亚星，王莉雯. 青海省植被光能利用率模拟研究[J]. 生态学报，2010，30(19)：5209-5216.

[270]魏甲彬，徐华勤，周玲红，等. "双季稻-冬闲田" 生态系统碳交换动态变化及其影响因素[J]. 农业环境科学学报，2018，37(5)：1035-1044.

[271]温晓金，刘焱序，杨新军. 恢复力视角下生态型城市植被恢复空间分异及其影响因素——以陕南商洛市为例[J]. 生态学报，2015，35(13)：4377-4389.

[272]吴玉莲，王襄平，李巧燕，等. 长白山阔叶红松林净初级生产力对气候变化的响应：基于 BIOME-BGC 模型的分析[J]. 北京大学学报(自然科学版)，2014 (3)：577-586.

[273]夏钰. 基于涡度相关通量观测的 MODIS 总初级生产力估算研究[D]. 武汉：武汉大学，2017.

[274]辛良杰，李鹏辉. 中国居民口粮消费特征变化及安全耕地数量[J]. 农业工程学报，2017，33(13)：1-7.

[275]徐昔保，杨桂山，孙小祥. 太湖流域典型稻麦轮作农田生态系统碳交换及影响因素[J]. 生态学报，2015，35(20)：6655-6665.

[276]徐岩岩. 基于 MODIS 数据提取东北地区水稻物候时空变化特征[D]. 中国气象科学研究院，2012.

[277]闫慧敏，刘纪远，曹明奎. 中国农田生产力变化的空间格局及地形控制作用[J]. 地理学报，2007，62(2)：171-180.

[278]严恩萍，林辉，党永峰，等. 2000—2012 年京津风沙源治理区植被覆盖时空演变特征[J]. 生态学报，2014，34(17)：5007-5020.

[279]杨延征，马元丹，江洪，等. 基于 IBIS 模型的 1960—2006 年中国陆地生态系统碳收支格局研究[J]. 生态学报，2016，36(13)：3911-3922.

[280]尹昌君，李岩泉，张劲松，等. 黄淮海平原地区防护林网冬小麦生产力模拟的初步研究[J]. 中国农业气象，2015，36(5)：619.

[281]于贵瑞，伏玉玲，孙晓敏，等. 中国陆地生态系统通量观测研究网络（ChinaFLUX）的研究进展及其发展思路[J]. 中国科学：D 辑，2006，36(A01)：1-21.

[282]袁文平，蔡文文，刘丹，等. 陆地生态系统植被生产力遥感模型研究进展[J]. 地球科学进展，2014，29(5)：541.

[283]张宁宁, 延晓冬. BIOME3 模型在中国应用的精确度分析及其改进[J]. 气候与环境研究, 2008, 13(1): 21-30.

[284]张运林, 秦伯强. 太湖地区光合有效辐射(PAR)的基本特征及其气候学计算[J]. 太阳能学报, 2002, 23(1): 118-123.

[285]赵育民, 牛树奎, 王军邦, 等. 植被光能利用率研究进展[J]. 生态学杂志, 2007, 26(9): 1471-1477.

[286]郑元润, 周广胜, 张新时, 等. 农业生产力模型初探[J]. Acta Botanica Sinica (植物学报: 英文版), 1997, 39(9): 831-836.

[287]周广胜. 全球碳循环[M]. 北京: 气象出版社, 2003.

[288]周广胜, 张新时. 自然植被净第一性生产力模型初探[J]. 植物生态学报, 1995, 19(3): 193-200.

[289]周广胜, 郑元润, 陈四清, 等. 自然植被净第一性生产力模型及其应用[J]. 林业科学, 1998, 34(5): 2-11.

[290]周磊, 李刚, 贾德伟, 等. 基于光能利用率模型的河南省冬小麦单产估算研究[J]. 中国农业资源与区划, 2017, 38(6): 108-115.

[291]周蕾, 王绍强, 周涛, 等. 1901—2010 年中国森林碳收支动态: 林龄的重要性[J]. 科学通报, 2016 (18): 2064-2073.

[292]周允华, 项月琴. 太阳直接辐射光量子通量的气候学计算方法[J]. 地理学报, 1987, 54(2): 116-128.

[293]周允华, 项月琴, 单福芝. 光合有效辐射 (PAR) 的气候学研究[J]. 气象学报 (中文版), 2013, 42(4): 387-397.

[294]朱文泉, 陈云浩, 徐丹, 等. 陆地植被净初级生产力计算模型研究进展[J]. 生态学杂志, 2005, 24(3): 296-300.

[295]朱咏莉, 童成立, 吴金水, 等. 亚热带稻田生态系统 CO_2 通量的季节变化特征[J]. 环境科学, 2007, 28(2): 283-288.

[296]朱志辉. 自然植被净第一性生产力估计模型[J]. 科学通报, 1993(15): 1422-1426.

[297]左大康, 王懿贤, 陈建绥. 中国地区太阳总辐射的空间分布特征[J]. 气象学报, 1963(1): 78-96.